WAS IST WAS

学习源自好奇 科学改变未来

未来能源

探索月球
神秘而强大

神奇地球
慈蔼的家园

神秘机器人

第一辑·全10册

奇妙的人体

深海之谜

太空之旅
深入宇宙的探险

走进热带雨林

第二辑·全10册

宇宙中的星体

伟大的发明

神奇的火车

沙漠之旅

第三辑·全10册

显微镜探秘

野生动物

奇趣萌宠

鸟类不简单

第四辑·全10册

神秘的古埃及

印第安人
北美原住民

伟大的探险家

未来世界

第五辑·全10册

蛇的故事

考古探秘

马的生活

舞蹈的魅力

第六辑·全10册

生物质资源

石器时代

2023 NEW

第七辑·全8册

U0344739

德国少年儿童百科知识全书

海底宝藏

沉没的宝藏

[德]弗洛里安·胡博/著　蔡亚玲/译

长江出版传媒　长江少年儿童出版社

方便区分出
不同的主题！

真相 大搜查

8

快来认识和了解一下深水机器人和载人潜水器吧！今天，科研人员用这两种深潜装置来执行水下考察，探索深海。

4

奇妙有趣的水下古物正静待着考古学家的发现。

**符号▶代表内容
特别有趣！**

意大利那不勒斯附近的巴亚古城究竟为什么会沉入海底？

16

24 海底船骸

27 "战神马尔斯号"被认为是16世纪欧洲的最强战舰，如今它正静静地躺在波罗的海的海床上。

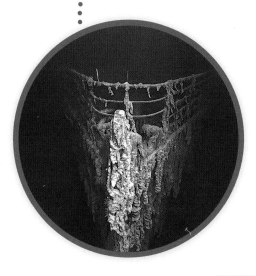

33 "泰坦尼克号"位于约3800米深的海底。1912年，这艘举世闻名的巨轮究竟为何沉没？

38 真正的科学潜水员即使面对幽深黑暗的洞穴，也绝不会畏惧退缩、驻足不前！

38 洞穴、沼泽和湖泊中的宝藏

45 这顶古罗马的青铜头盔为什么会沉入沼泽？

重要名词解释！

48 名词解释

潜入时光深处

弗洛里安·胡博

弗洛里安从 13 岁就开始接触潜水，他天赋超群且激情满满，最终成了一名职业潜水员。

沉没的小船

德国瓦尔兴湖的湖水深处藏着几艘破旧的小船。它们饱经岁月的洗礼，记录着摇曳在记忆中的如烟往事。

眼前绿水波光起涟漪，远处阿尔卑斯山嶙峋万仞终年雪。今天阳光明媚，蔚蓝的天空像碧玉一样澄澈，是去最爱的湖泊里潜水的好日子。我向前迈出一大步，从布满岩石的湖岸跳入瓦尔兴湖澄澈的湖水中。这座湖的最深处约 192 米，是德国最深的湖泊之一。越往湖的深处游去，我就越能清晰地感受到耳内鼓膜承受的压力：水下 10 米，水下 20 米……我看了看手腕上的潜水电脑表——又名腕式潜水电脑，它可以显示水深、水温和潜水时长——目前的潜水深度是 30 米。由于水下光线越来越暗，我打开了手电筒，并逐渐放缓了下潜速度，借助手电筒的灯光开始观赏湖底的风光。

湖底深处

一艘小船的残骸突然进入了我的视线！这艘木船长约 6 米，它孤零零地躺在灰色的湖底一动不动，显得有些阴森诡异，我不禁打了个寒战。水下光线幽暗，但我仍能看清这艘船的轮廓。一时之间千头万绪，我的脑中闪过无数个念头：这艘小木船是谁造的？它是何时沉没的？沉没的原因又是什么？有人因此丧生吗？船只遭遇风暴了吗？还是因为它早已变得破破烂烂，所以被谁遗弃了？我还能在船上找到货物或船员的私人用品吗？

水下的时光之旅

我的工作就是找到这些问题的答案，弄清楚当时究竟发生了什么。我是一名水下考古学家，我的任务是定期潜水，对淹没于江河湖海的古代沉船和人类遗址进行勘测、研究和发掘。我想了解过去人们的生活方式、古代造船术以及海上交通和贸易的情况，查明许多船只未能成功抵达目

汽车残骸

奥格斯堡
伊萨尔河
安培河
莱希河
慕尼黑
瓦尔兴湖
楚格峰
海拔2962米

湖的位置

瓦尔兴湖的最深处可达 192 米，湖的面积约为 16 平方千米，它是德国阿尔卑斯山区最大、最深的湖泊之一。

巨型鲇鱼的传说

传说在瓦尔兴湖湖底最深的岩洞中，湖水漆黑如墨，阳光无法到达，那里居住着一只恐怖的史前怪兽。它是一条体形巨大的欧鲇，被德国巴伐利亚州的当地人称作"瓦尔兴巨鲇"。人们对这头异兽一直十分畏惧。为了安抚它，当地人过去每年都会往湖水最深的地方投一枚金戒指。曾经有一名年轻人想弄清楚瓦尔兴湖究竟有多深，他将一张牛皮缝在身体外面，然后潜入了深色的湖水中。从此，他在水下消失得无影无踪，人们彻底失去了他的消息，只有湖泊深处传来怪兽的呢喃："谁想探明我的真身，就乖乖来做我的腹中餐吧！"

的地的原因。在做这些工作时，我就像一名勘查犯罪现场的侦探，只不过我所负责的犯罪现场通常有数百甚至数千年的历史。但凭借我渊博的知识和独特的研究方法，我仍然能让"沉没"的真相浮出水面。对我来说，每次潜水就犹如一段穿越时光的旅途，而我是一名水下的时间旅行者。

非比寻常的宝藏

瓦尔兴湖的湖底不只有沉船，我还在那儿发现了不少汽车残骸和一架失事飞机——这架英国飞机于第二次世界大战时期坠落在了瓦尔兴湖中。此外，湖底还散落着一些木桩，它们曾经是 500 年前当地一家养鱼场的一部分。以上所有发现都承载着历史底蕴和文化内涵，是我珍视的宝藏。

深水怪兽

传说瓦尔兴湖昏暗的湖底藏着一条鱼，这条鱼的体形几乎和湖差不多大。今天我们都知道，世界上并不存在如此巨大的鲇鱼。

水下科研

毫无疑问，任何人想进行水下研究，首先都必须学会潜水。我们最好先接受休闲潜水的培训，休闲潜水教练会给我们传授潜水相关的基本知识和技能。但是如果要从事专门的水下科研工作，我们还需要完成特殊的技术潜水培训。

科学潜水员

在包括德国在内的多个国家和地区，从事水下研究工作的科研人员都必须接受专业培训，成为科学潜水员。在培训过程中，学员不仅要掌握更多潜水相关的常识，还必须学会在水下进行科研的方法，例如沉船探索和测绘、水下拍照以及实验样本的采集等技能。

氮麻醉

在进行深潜时，水下考古学家会呼吸一种含有氦气的特殊的混合气体，这样可以防止身体出现氮麻醉的症状。使用普通压缩空气瓶下潜至水下 30 米左右时，潜水员就会出现氮麻醉的症状。随着潜水深度增加，压力也在逐渐增加，吸入肺中的空气溶于血液的量变多，氮气残留在体内的量也将变多。而当氮气在血液中的分压达到一定的高度时，就会使我们的大脑变迟钝。此时潜水人员可能会产生幻觉，并失去方向感。把氦、氧、氮混合气体（即所谓的"三元混合气"）作为深潜呼吸气可以有效预防氮麻醉症状的发生。但是这种呼吸混合气必须专门生产，而且成本高昂。另外，混合气体中的氦气还会使潜水员的嗓音变得尖锐，听起来就像米老鼠在说话一样。

➤ 你知道吗？

在潜水过程中，下潜得越深，你会感觉越冷。因此，即使在温暖的水域潜水，我们也应该穿上潜水服。潜水服可以防止人类在下潜时因体温散失过快而失温。

古老的沉船

许多水下考古学家都对古船的残骸兴趣十足。为了看清楚船体的所有细节以及船上运载的货物，他们会进行多次深潜。

水下测量

一名科学潜水员正在用折尺测量一艘位于德国博登湖湖底的独木舟，这只沉船的历史长达 4000 多年。

水下书写

在水下，我们用普通铅笔就可以在防水纸张上写字。

水下书写

潜水时，水下考古学家必须随身携带一些特定的工具和材料。首先，科研人员当然得带一台专业的潜水相机，这样他们才能把眼前所见的一切用照片或视频记录下来，以供上岸后细细查看。人们还可以将许多张照片拼接成一张影像镶嵌图，或是根据照片构建 3D 模型，还原海底的自然场景。除潜水相机以外，水下考古学家还必须携带指南针、卷尺和折尺，因为有时候他们需要测量古代船只的重要数据信息，如长、宽、高等。然后，科研人员会将数据和绘图都记录在一个小笔记本内，即所谓的"湿笔记"。这种特殊的笔记本由防水纸张制成，用普通铅笔就可以在上面书写，其水下使用体验非常棒，有条件可以在浴缸或游泳池里试一试！

长时间水下停留

当水下考古学家想要深潜或长时间在水下工作时，他们会使用全密闭式循环呼吸器。这种呼吸装置不会将潜水员呼出的气体排到海里，而会对其进行再利用。二氧化碳吸附桶中的碱石灰颗粒可以吸收和净化潜水员呼出气体中的二氧化碳。每隔几分钟，全密闭式循环呼吸器的气阀会自动打开，纯氧和混合气体——通常为氦、氧、氮混合气体——分别从两个气瓶进入呼吸气囊。呼吸气囊中气体的混合比例由一台微型电脑计算得出，这台电脑则与多个传感器相连——传感器可以持续不断地监测和分析呼吸气囊中的氧气含量，如此就形成了一个呼吸循环回路系统。此外，全密闭式循环呼吸器在水下不会咕噜咕噜地产生气泡，这样能很大程度减少对海洋动物的惊扰，更有利于科研人员观察或摄影。相比传统的潜水气瓶，使用这种呼吸器，我们甚至能在水下停留更长的时间，或潜入更深的水域。由此可见，水下考古学家不仅得熟练掌握考古学的专业知识和技能，还必须是出色的潜水员——他们应该在水下感觉良好，并精通各种复杂的潜水技术。

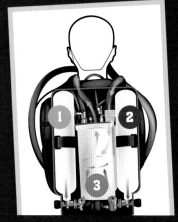

知识加油站

▶ 全密闭式循环呼吸器将纯氧①和氦、氧、氮混合气体②充分混合。

▶ 二氧化碳吸附桶③中的二氧化碳吸收剂（通常是碱石灰颗粒）可以吸收和净化潜水员呼出气体中的二氧化碳，以便潜水员循环使用呼出气体，节省潜水员的呼吸用气量。

高科技助力深潜探索

携带着潜水设备在水下做研究是一件耗资、耗力的难事，即使是训练有素的科学潜水员也无法在水下 100 米及更深的水底从事科研工作。如果考古发掘地所处的位置太深，潜水员无法到达，我们可以利用一些特殊的设备进行考古勘探。这些设备能够承受巨大的水下压力，并为科研人员传递重要讯息。

深水机器人：ROV KIEL 6000

ROV KIEL 6000 是一台深水机器人，它由三名驾驶员通过一种特殊的深海光缆远程操控。两名驾驶员负责控制机器人的移动方向，第三名驾驶员则需要操纵潜水器的机械手和测量仪器。驾驶员们通过 7 个螺旋桨来调整潜水器的移动方向，还可以通过潜水器上的多个摄像头观察水下的情况。深水机器人在水底工作时，驾驶员就坐在一个配备有控制设备的集装箱中。ROV KIEL 6000 是一款深潜器，重达 3.5 吨，能够下探到 6000 米深的海底，因此它可以探测地球上大约 90% 的深海海床。

载人潜水器：JAGO

德国基尔亥姆霍兹海洋研究中心研发的载人潜水器"JAGO"可以下潜至约 400 米深的海底。它可以搭载一名驾驶员和一位科学家，舱内人员可以透过两个巨大的有机玻璃窗户观察水下的情况。为了采集实验样本和打捞小件文物，潜水器上还装配了一只遥控液压机械手。此外，强光照明灯、闪光灯和摄像机等摄影器材也一应俱全。除以上这些装置外，载人潜水器的舱内还装有导航定位系统、指南针、海水深度计和无线通信设备。JAGO 已于 2021 年正式退役。

图中，潜水员的肚脐处有一根电缆与水上的船只相连。潜水员通过此电缆与船上的工作人员进行语音通话，传输视频和数据资料，以及获取动力服的 4 个螺旋桨运转所需的动力。潜水员依靠动力服内的脚踏板操控 4 个螺旋桨。

动力服

潜水员可以穿着动力服在水下 300 米深处停留数小时，并处理棘手的工作。动力服的外壳由硬化铝制成，科研人员可以透过玻璃面罩仔细察看周围的环境。动力服的内部压力与外部水压相同，因此潜水员既不会产生氮麻醉症状，也不会患潜水病——这两种病症都是由水下高压引起的。

船 骸

声呐系统

科学家可以用侧扫声呐或多波束测深系统探测海底地貌和定位沉船：机器人向海底发射声波，声波在遇到水下物体后被反射回来。根据发射声波与回波到达之间的时间差，机器人可以自动生成图像。这些图像将为科学家提供关于沉船位置、船身尺寸等方面的一手资料。多数情况下，人们还可以辨认出船体的建造材料（木头或钢铁）及其目前的状况。在获取这些重要信息后，科学家们才能做出判断：究竟是该派潜水员，还是用机器去完成进一步的水下勘测。

➡ 你知道吗？

马里亚纳海沟位于太平洋，其最深处深达 11034 米，是世界海洋已知的最深处。早在 1960 年，瑞典人雅克·皮卡德和美国人唐·沃尔什就探索了马里亚纳海沟，这是人类第一次下潜到这一神秘的海底深渊。他们驾驶着"的里雅斯特号"潜水器下潜到海底 10916 米深处。2012 年，好莱坞著名导演詹姆斯·卡梅隆乘坐着自己的潜艇"深海挑战者号"成功探底世界海洋的最深处。

潜水相机

图中的这艘沉船位于沙特阿拉伯附近的红海之中，船体向一边侧翻着。一名科学潜水员用潜水相机拍摄了这张照片。

不可思议！

据联合国教科文组织估计，全世界的河流、湖泊和海洋中约有 300 万艘沉船。如此多的沉船可供研究，即使是未来的水下考古学家也不愁没事可做。

水下打捞

有时水下考古学家会从海底打捞出十分稀有的珍奇文物，这些文物最终会在博物馆展出。潜水员利用水下空气提升袋的浮力将找到的文物送至水面。

考古技术

为了征服河流、湖泊和海洋，人类自石器时代以来就在不断建造各种船舶。当然，其中不少船只早已沉没。因此，今天的考古学家可以通过研究沉船，来了解古代的造船术和水上运输业。以此类推，沉没在水中的古代遗址也蕴藏着大量的人类历史文化信息。为了揭开所有谜团，科学家需要借助特殊的考古技术来分析和处理发掘出的文物，例如定年断代、文物修复和保存等。

定年断代

为了确定沉船、遗址或单个文物的年代，考古学家会采用各种不同的自然科学研究方法，例如：树木年轮断代法最适合用来确定木质文物的年代——树木每年都会形成一圈年轮，年轮的宽度与气候条件密切相关，旱年生长受到限制，年轮就窄；雨量充沛、气候温润的年份，生长繁茂，长出的年轮宽。研究人员可以把木材的年轮生长情况与不同历史时期的气候状况相比对，以此确定树木生长和被砍伐的大致年份。因而，保存完好的木质文物可以帮助我们确定干栏式建筑、水井、船舶或棺材的年份。放射性碳素断代——又名碳-14法——根据死亡生物体中碳-14同位素的衰变程度，可以测定古生物化石的年代：生物体在活着的时候会通过呼吸、进食等行为不断地从外界摄入碳-14；生物体死亡时，碳-14的摄入停止，其体内的碳-14同位素就开始按照一定的规律衰变。据此，我们可以测定骨化石的年代。有时考古学家也可以根据一些知名的历史事件或打捞出的硬币来确定一艘沉船的年代。

文物修复

　　每次文物发掘也是一次"保护性破坏"：在被打捞出水之前，文物已在特定的水下环境中存在了成百上千年；文物被打捞出水后，人们需要对其进行复杂的脱盐、脱水处理，否则不少文物会很快坏掉。因此在潜水勘查时，考古学家会详细地记录所有文物的信息，并在深思熟虑后决定要将哪些打捞起来，哪些留在水底。文物出水后与空气中的氧气接触，会在短时间内迅速开始氧化，专业人员（即文物修复师）必须精心地对其进行修复：他们首先清理出水文物表面的污垢和（钙质或硅质）硬壳，然后将其泡入化学溶液中，以使其能长期保存。此后，文物就可以陈列在博物馆里供公众观赏了。

盗　窃

　　无论是在陆地上生活，还是在海上航行，盗窃是世界各国人民都可能遭遇的恶劣犯罪行为。非法寻宝猎人对历史毫无兴趣，他们只是想掠夺奇珍异宝，然后将其卖给财大气粗的收藏人。因而他们只会寻找能赚钱的物品，其他文物则会被他们毁掉或扔掉。为了能

拿到自己青睐的珍宝，盗贼有时甚至会用炸药炸毁古代沉船，这样我们就永远失去了学习和研究这艘船只历史的机会。虽然每个国家和地区都制定了相应的法律来保护我们的历史文化遗产，明令禁止任何不具备专业知识和许可的个人或团体挖掘或打捞古代文物，然而至今仍有许多不法分子为了一己私利不断铤而走险；除此之外，海洋建筑施工和大规模拖网捕捞也破坏了不少重要的海底遗址。

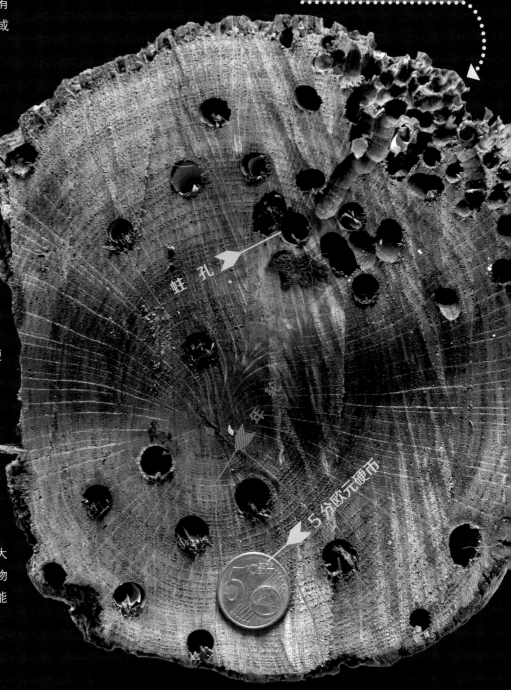

只是木头？

这段木头曾是一艘船的一部分。我们能清楚地看到木头已被蛀虫啃食出了大大小小的孔洞。研究人员可以依靠年轮读取出它的年龄。与一枚5分欧元硬币做对比，我们能大概估算出这段木头的实际大小。

蛀孔

5分欧元硬币

遗失的古国：亚特兰蒂斯

岛屿王国

传说亚特兰蒂斯是一个强盛、富饶的城邦。岛屿中央的卫城中，伫立着供奉海神波塞冬的黄金神庙。

永恒的神话

亚特兰蒂斯及其宏伟的庙宇是否真实存在，至今存疑。

公元前 360 年前后，关于亚特兰蒂斯的记录最早出现于古希腊哲学家柏拉图的著作中。在柏拉图的描述中，亚特兰蒂斯位于"海格力斯之柱"（即高高耸立在直布罗陀海峡两岸的海岬）以外的大西洋中，是一个面积广阔的岛屿王国。传说，海神波塞冬创立了这一岛国，并将自己的长子阿特拉斯册立为岛屿的最高统治者，所以亚特兰蒂斯又被称作"阿特拉斯之岛"。岛上物产丰饶，尤其盛产黄金和白银。亚特兰蒂斯地形平坦，土壤肥沃，适宜农作物生长。岛上曾经万木吐翠，亭亭如盖，鲜美多汁的果实缀满枝头，各种飞禽走兽出没其间。据说，大象是那里体形和食量最大的动物。

黄金神殿

亚特兰蒂斯的主岛上有一片数百千米宽的平原。首府波塞多尼亚的卫城坐落在主岛中心的一座山丘上，四周建有三条环状运河，运河均与外海相连。亚特兰蒂斯的中心矗立着海神波塞冬的神殿。神殿的墙壁都镶满了黄金和白银，外围则被纯金打造的雕像环绕。波塞冬神殿的旁边是一座大型竞技场，竞技场内有赛马道和马车赛道。亚特兰蒂斯的统治者居住在岛屿的中心地带，士兵和一般市民则大多生活在海岸地区。那里有两个海港，一个停靠着战船，另一个则是通商口岸。随着时间流逝，亚特兰蒂斯的国势变得愈发富强。不久，阿特拉斯的后裔很快拥有了一支由 24 万名战士和 1200 艘战船组成的庞大军队。

亚特兰蒂斯的沉没

凭借着令人恐惧的军事力量，亚特兰蒂斯征服了欧洲和北非的人民。最终，人口更多的希腊雅典才成功阻挡了亚特兰蒂斯的远征军。据柏拉图的著作《对话录》里的记载，在与雅典的战争失利后，亚特兰蒂斯于公元前 9600 年前后遭遇了一场严重的自然灾害，并在一天一夜内彻底被大海吞没。亚特兰蒂斯发达后，其统治者变得极其自负和傲慢，导致诸神震怒，亚特兰蒂斯的战败和沉没可能是诸神对其施加的惩罚。今天许多科学家认为，柏拉图虚构出亚特兰蒂斯的故事，是为了规劝和警戒世人：不要贪婪和自傲。

真相众说纷纭

然而，也有不少人相信柏拉图在书中描绘的古国是真实存在的，亚特兰蒂斯之谜始终拨动着人们的遐想：自古希腊罗马时期以来，就不断有人试图找到这一沉没的岛屿。遗憾的是，人们至今仍未找到它的踪迹。如今，甚至有专门的亚特兰蒂斯研究大会定期召开，相关文章和著作也是浩如烟海。这类会议的参会人员自称为"亚特兰学家"。他们认为，地球上多个不同的地方都可能是亚特兰蒂斯遗址的所在地，如赫尔戈兰岛附近、撒丁岛、亚速尔群岛、亚洲、南极洲等。极有可能，亚特兰蒂斯只是一个美妙的奇幻故事。世界上仍有许多我们切实已知的古城遗址，它们真实存在于汪洋大海之中，而这些海底古城讲述的故事也同样妙趣横生、精彩纷呈。

柏拉图

▶ 你知道吗？

公元前 387 年，柏拉图创办了世界上第一所大型哲学学院——柏拉图学园。这位伟大的哲学家也会从事数学和自然科学的课题研究。柏拉图十分重视儿童教育，他要求城邦设立幼儿园和公立学校。

波塞冬

海洋之神

在古希腊神话中，波塞冬是海神，他经常手执三尖叉，驾驶着一辆由马头鱼尾海怪拉着的战车——马头鱼尾兽是一种幻想出来的奇异怪兽，它半身为马、半身为鱼。古希腊商贸发达，十分依赖海上运输，因此他们在出海前会向波塞冬祈福，据说甚至还会向其献祭马匹。如果海神心情舒畅，海上就会风平浪静，甚至海神还会创造出新的岛屿；如果波塞冬正怒火中烧，他会挥动三尖叉，引发地震，掀起滔天巨浪，让海水吞没往来的船只。

沉没的石器时代

在中石器时代，即距今约 7000 年前，德国北部的人类主要生活在波罗的海沿岸——那时的波罗的海还是一片相当年轻的海洋。然而好景不长，由于海平面上升，海滨的这些小型人类聚居地逐渐被海水淹没。因此，当代的考古学家如果想了解当时海岸地区人们的风土民情，必须潜入海底。在水下 5~8 米深处，他们就能找到中石器时代的聚落遗址。在波罗的海海底的沉积层中还埋藏着许多历史遗迹，它们大多保存完好。

如何进行水下考古发掘？

首先，考古学家将海底遗址的发掘区划分成若干个大小相等的正方格，这些正方格叫"探方"。然后，考古人员小心地用吸尘器把每个探方内的海底沉积物吸出。在此过程中，投入使用的是一种超大规格的专业水下吸尘器。吸尘器吸管的末端与一个网袋相连，网袋的网孔直径只有几毫米，因此细沙和泥浆会透过网孔漏出去，小石子和文物则会留在网袋内。一个网袋被填满后，工作人员就会将其带回到陆地上。研究小组会在那里仔细筛查袋内的所有东西。

识骨探秘

迄今为止，已有大量的古人类骨骼被考古学家发现。通过对骨骼的分析，我们目前已经掌握了不少关于古代人类狩猎习惯和饮食结构的信息，例如：在德国东荷尔斯泰因县的新城区，人们发掘出了 12000 多块骨头。根据科学家的判断，其中约有 4000 块是动物骨骼。这些骨头来自各种不同的飞禽走兽，如灰海豹、水獭、海狸、狗獾、猞猁、狼、马鹿、野猪、驼鹿、天鹅、鸭子、白尾海雕和灰鹤等。在水下发掘工作中，科学家们也找到了成千上万条鱼骨。鱼骨主要来自大西洋鳕鱼和欧洲鲽，此外还有一些短角床杜父鱼、褐鳟、鲭鱼和鳗鱼的骨头。

完美的发明

考古学家甚至知道，石器时代的人类是怎样捕捉鳗鱼的。他们找到了一柄用来捕捉鳗鱼的两齿渔叉的部分零件。这件渔具由三个部分组成：长手柄的一端上对称安装着两根略微向外弯曲的横木，横木之间则固定着一根尖锐的骨刺。捕鱼时人们挥动手柄，用骨刺刺向水中的鱼。这项石器时代的发明是如此完美，直到 20 世纪渔夫们都还在继续使用。

波罗的海

刺捕鳗鱼的渔叉

捕 鱼

图中，一名猎人正乘着独木舟用渔叉捕捉鳗鱼。

水下考古作业

科研人员用一台水下吸尘器 **1** 和一柄泥抹子 **2** 去除掉海底沉积物，古文物就露了出来。

茅草屋顶

➡ **你知道吗?**

波罗的海的形成时间较短,它仍是一片非常年轻的海洋。大约1万年前,最后一次冰期结束,大量冰川融化形成了波罗的海。7000至2000年前,波罗的海的海平面持续上升,位于沿海地区的古人类聚落逐渐被大海吞没。

石器时代的人类如何生活?

我们至今仍未能在波罗的海的海底找到任何房屋的地基。多亏了陆地考古发掘取得的成果,让我们依然能大致了解石器时代人类住宅的外观。那时的房屋多是细长形的,墙壁上通常涂抹了一层黏土,坡式屋顶上铺着厚厚的茅草。石器时代的人们以血缘关系为纽带结成聚落,时常一大家族人和驯养的家畜共同居住在一个屋檐下。如此,动物们受到了人类的保护,并在冬季用自己的身体温暖着一同居住的人类。

石器时代的小刀

除骨头以外,学者们还发现了许多由石头(更准确地说是燧石)制成的工具,如斧头和箭头等。在德国的维斯马海湾,人们甚至找到了一柄燧石刀刃,这是一个举世无双的考古发现,也只有水下考古学家才能完成。刚在水下发现时,燧石刀刃还镶嵌在由榛木制成的刀柄上,刀柄表面则缠绕着椴树皮。打捞出水后,只有刀刃保存完好,榛木和椴树皮制成的刀柄很快就彻底腐烂了。海水阻隔了氧气,氧化过程减缓,这把石器时代的小刀才得以在世上留存数千年之久。除这柄小刀外,维斯马海湾中还打捞出了存储食物的器皿、灯盏、鱼钩、镖枪、捕鸟笼、独木舟和船桨,这些物品为我们了解石器时代人们的生活提供了独特的史料。

燧石(俗称"火石")
图中的石头可以用来生火,古人也用它来制作工具和武器。

稀有文物

在水下勘探的时候,一名科学潜水员发现了一柄鹿角制成的斧头。

知识加油站

▶ 动物考古学家专门研究古遗址出土的动物遗骸。

▶ 动物考古学是研究古动物的学科。动物考古学家主要分析和研究动物的骨骼,此外贝壳、蜗牛壳、动物木乃伊、羽毛和兽皮也是他们研究的对象。

巴亚 1

一次无与伦比的经历：今天，潜水爱好者可以在水下探访古罗马城市巴亚。可惜的是，人们看到的大多数雕像都是复制品。

巴亚、帕夫洛彼特里和赫拉克利翁古城

➡ 你知道吗？

我们甚至能在水下古城巴亚欣赏到一块精美绝伦的马赛克拼图地板。马赛克指的是由小碎石拼成的图案，多用来铺地和装饰墙面，它在古罗马时期的公共建筑、私人宫殿和别墅中比较常见。

巴亚是古罗马帝国的一座城市，它位于意大利南部西海岸的那不勒斯湾中。这里的温泉曾经红极一时，该地也迅速发展成了一处水疗和度假胜地。在古罗马时期，不少富甲一方的达官显贵都爱来巴亚休闲娱乐，他们还在城市周边建造了雕梁画栋、极尽奢华的别墅。就连恺撒、尼禄、哈德良和卡利古拉等古罗马皇帝也曾来这里纵情享乐。早在古罗马时期，权贵阶层就已经养成了定期度假的习惯：大家渴望能在海边拥有一栋房子，然后在那里度过闲暇时光，呼吸清新的海边空气，享受安逸舒适的生活。

地壳的升降运动

由于火山活动，地中海的海平面随着时间推移逐渐升高，因此巴亚古城的部分区域长期位于水下。人们称地壳的这一运动方式为"地壳的升降运动"。该词源自希腊语，最初的意思是"缓慢的运动"。地壳做升降运动时，地球表面的一部分会隆起或凹陷，就像一场缓慢发生的地震。如今，我们可以乘船或直接潜入海底，来探索这座古城遗址的水下部分。如果要潜水，请一定穿戴好脚蹼、潜水面镜等装备。

探秘古城巴亚

水下约5米深处，我们可以清晰地看见古老的街道、别墅的墙垣、宏伟的石柱、鱼类和贝类养殖池以及马赛克拼图。水下之旅的一个亮点是宁芙神庙：它是一个小型石窟式喷泉，人们可以潜入石窟内，考古学家还在那里找到了若干尊大理石雕像。当然，这些雕像如今都陈列在博物馆里，水下摆放的是专供游客观赏的复制品。

帕夫洛彼特里古城

帕夫洛彼特里是世界上最古老的水下城市之一。这座古城遗址目前受到了游览、船运和寻宝活动的严重影响，受损程度已引起希腊当局的关注。

世界上最古老的水下城市之一

在希腊伯罗奔尼撒半岛附近的沙质海床上，坐落着古城帕夫洛彼特里。这座城市至少有着 3000 年的历史，如今它的遗址位于水下 4 米深处。帕夫洛彼特里的起源可以追溯至青铜时代，是迄今为止水下发现的最古老的城市之一。这座城市的面积一度约有 10 万平方米。水下考古学家已经对其中一半的区域完成了三维测绘。他们在遗址中发现了民居、街道、庭院、寺庙、陵墓和墓穴等多种建筑物。根据测绘的数据，科研人员能够将这座港口城市完整的平面图复原出来。直到公元前 1000 年前后，帕夫洛彼特里都一直存在，之后被海水淹没。地质学家推测，它的沉没可能是海平面上升或地震造成的。

意大利
巴 亚 ①
希 腊
地中海
② 帕夫洛彼特里
③ 赫拉克利翁
埃 及

沉没的古城

赫拉克利翁古城——法老的港口城市

在埃及附近的地中海海域中，考古学家无意间发现了被谜团笼罩的古城赫拉克利翁，其遗址位于水下约 8 米深处。人们在那里找到了坍塌的庙宇和民宅、鹅卵石铺设的街道、砖石墙、排污系统、花岗岩制成的石棺和神龛，以及一尊 7 米高的法老雕像。部分文物表面覆盖着厚达 2 米的沙子，因此考古人员首先必须用吸尘器把沙子吸干净。这可是一件相当吃力的工作呢！赫拉克利翁古城不仅是重要的宗教圣地，自公元前 6 世纪以来，它还是一个繁华的商业港口和外贸口岸。海上贸易对这座城市至关重要，科研人员在遗址中发现了大量的港口船坞和 70 多艘船的残骸。令赫拉克利翁古城被海水吞没的罪魁祸首极有可能是一场大地震。

赫拉克利翁古城

人们在埃及的亚历山大港附近发现了这座沉没的城市，并对其进行了科研探索。除了多个惊艳世界的文物，考古学家还找到了一座巨大的法老雕像。

法老雕像

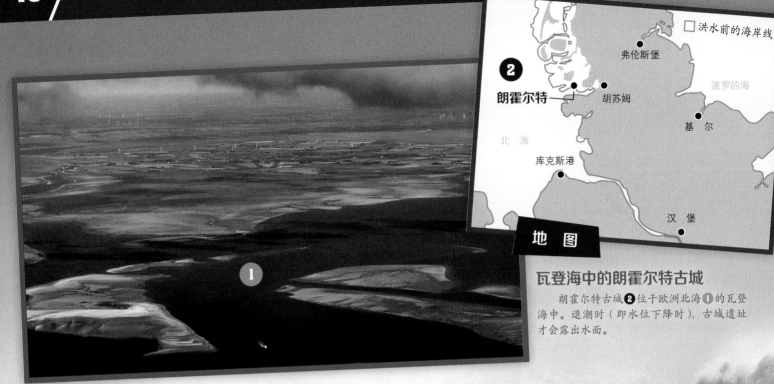

□ 洪水前的海岸线

弗伦斯堡

❷

朗霍尔特 —— 胡苏姆

波罗的海

北 海

库克斯港

基 尔

汉 堡

地 图

瓦登海中的朗霍尔特古城

朗霍尔特古城❷位于欧洲北海❶的瓦登海中。退潮时（即水位下降时），古城遗址才会露出水面。

神秘的朗霍尔特

1362 年 1 月 16 日，一场急遽而猛烈的风暴潮袭来，摧毁了位于德国北弗里斯兰县附近瓦登海中的商贸城市朗霍尔特。此后，这座小城逐渐被人们遗忘。长久以来，都没有可靠的实物或文献可以证实朗霍尔特曾经真实存在。这座湮灭在海洋中的城市及其宝藏令人浮想联翩，由此诞生了无数引人入胜的故事和传说。据说，当碧空如洗、海上风平浪静时，阵阵钟声会从水下传来，朗霍尔特每 7 年就会毫发无损地浮出海面一次。然而长期以来，没人知道这座城市的确切位置及其被掩盖的历史真相。直到 20 世纪初，在潮水的冲刷作用下，埋藏在南瀑布岛附近滩涂中的遗址终于显露真容。至此，消失了数百年之久的朗霍尔特得以与世人见面。

一座城市浮出水面

德国北弗里斯兰县当地的一名学者对遗址进行了测绘，并逐渐发现了水井、道路、带有犁痕的农田、陶器以及两个木质船闸的残骸。他一共在水下找到了 100 口水井。根据水井的数量和分布，他估算过去曾有 1500 到 2000 人在朗霍尔特居住。就 14 世纪该地区的普通小城镇而言，这个人口数量已经相当庞大了。我们将其与同时期德国的大城市做一个比较：基尔的人口数量与朗霍尔特相差无几，汉堡的居民数在 5000 至 10000 人之间。朗霍尔特可能没有城墙，人们在海底找到了部分堤坝的残址，它曾经保护这座城市免受洪水的侵袭。

早期的考古工作

1921 至 1923 年间，在潮水的冲刷下，埋在滩涂里的朗霍尔特遗址逐渐露出地面。图中，当地的一名学者正在费劲地进行实地勘测工作。

奥卡利那笛 早在 12000 年前，人们就已经制造出了这种乐器，其吹奏方式和长笛相似。

贝 类 贝类将这只古老的罐子当成了自己的新家。

朗霍尔特之笛

在朗霍尔特遗址中发现的文物令世人叹为观止，其中就包括一只小小的、长约 10 厘米的陶笛，专家也称其为奥卡利那笛（德语：Okarina）。"Okarina"一词来源于意大利语，字面意思是"幼鹅"。据说，一名英国的飞行员发现了这支陶笛：他驾驶的飞机于第二次世界大战期间在朗霍尔特地区上空被德军击落海中，这名飞行员很清楚自己会在下次涨潮时溺水身亡，因此他吹响了无意中发现的这只陶笛，以引起人们的注意。一位年老的伯爵恰巧就居住在附近，他追寻着笛声，找到了水中的飞行员，并将其从死神手中夺了回来。这真是一个扣人心弦的故事，可惜是编造的！因为早在 1929 年，这支陶笛就被人们发现了。当然，它也不一定是本土物件，很有可能是被商人通过海上商路从异国他乡带到朗霍尔特的。

陶 器 通过观察器形、色彩和装饰，考古学家可以鉴别出这些陶器的来源地和制造年份。

商贸中心

此外，考古学家也可以通过打捞出的陶器得出结论：这座城市的海外贸易曾一度十分活跃，因为 30% 的陶器都是从其他国家或地区进口的，它们漂洋过海来到了朗霍尔特。考古学家找到的文物中还有不少奢侈品，例如德国莱茵地区制造的罐子、来自西班牙的摩尔人水壶和产自斯堪的纳维亚半岛的家用储物器皿等。

知识加油站

▶ "Grote Mandränke"一词来源于德语，意思是"大溺水"，如今指的是历史上发生的一场毁灭性风暴潮，即圣马塞勒斯洪水。这场天灾摧毁了德国东弗里斯兰地区和北弗里斯兰地区之间的北海海岸，也使得朗霍尔特的住民遭受灭顶之灾。

▶ 据历史文献的记载，这场风暴潮疯狂肆虐了整整三天——从 1362 年 1 月 15 日至 17 日；在此次灾难中，海岸区将近 10 万公顷的陆地被海水淹没，约 10 万人不幸丧生。然而根据科研人员的最新估算结果，死难者可能为 1 万余人。

沉没的"海盗之都"——
牙买加皇家港

17 世纪时，牙买加皇家港是世界上最富裕的海港城市之一，也是加勒比地区的经济中心。皇家港具有天然的地理区位优势，它是从新大陆去往旧大陆（即从美洲大陆去往欧亚大陆）途中的最后一个避风港和补给站——离开皇家港后，船只就得在一望无际的大西洋上连续航行数月后才能抵达欧洲。因此，就连满载着金银珠宝的西班牙大帆船——德国人又称其为"银色战舰"——也会从这里经过。皇家港是一座天然良港，它港阔水深，风平浪静，大型船舶也能在此停靠和装卸货物。

"世界上最邪恶的城市"

皇家港内人口稠密，成分复杂：商贩、码头工人、航海家、探险者、奴隶和穷凶极恶的海盗等各色人群聚居于此，抑或挥金如土，抑或蝇营狗苟。很快，牙买加皇家港就变得臭名昭著，一度被人们称作"世界上最邪恶的城市"。据科学家估算，当地人口最高时曾达到 7000 人，那时几乎每天都有船舶进出港口。虽然当时的法律明令禁止抢劫商船，但事实上皇家港一半的居民都是私掠者，他们驾船从港口驶出，在海上攻击往来商船，烧杀抢掠，几乎无恶不作。

灾厄来袭

1692 年 6 月 7 日中午时分，一场突如其来的灾祸毁灭了这座纸醉金迷的城市：牙买加暴发大地震，一时间地动山摇，建筑物纷纷倒塌，紧接着海啸裹挟着撼天动地的威力袭来。沙质地基迅速塌陷，皇家港的大部分没于海水之下。

海盗的战利品

皇家港位居海上贸易要道，往来商船穿梭如云。它们都是海盗青睐的打劫对象。

宝藏小岛

加勒比海里罗棋布地排列着许多小岛。据说，海盗在这些岛屿上埋藏的宝藏不计其数。

知识加油站

▶ 牙买加皇家港的一部分坐落在一片沙洲上。地震发生时，这片沙洲几乎垂直滑入了海中。

▶ 皇家港约一半的住民在此次灾难中不幸丧生。

数分钟内，60% 的仓库及其存储的财宝都被滔天巨浪冲得无影无踪，永远消失在了海里。

考古发现

这座城市的一个区域几乎垂直沉入了水下。莱姆街分别和皇后街及商业街相交，两个十字路口之间的住宅区就是皇家港最初的中心区。这片区域于数百年前被海水淹没，如今仍在水下长眠。这里的海床上躺着各种各样的贝壳，五彩的鱼儿在水中悠然自得地游来游去，丛生的海藻在波浪涌动下翩翩起舞。潜水员在水下的一栋房屋内找到了锡盘、烛台、金戒指、银餐叉、银勺子，以及产自中国的瓷杯、瓷碗和一个小狗形状的陶瓷摆件。

停走的怀表

在水下发掘过程中，考古学家还找到了一块怀表。怀表上雕刻的文字向我们透露了它的身世：法国钟表匠保罗·布朗德尔于 1686 年前后制作了这只表。1692 年 6 月 7 日上午 11 时 43 分，这块表落入水中，它的指针从此停止了走动。怀表的指针永远定格在了 11 时 43 分这一时刻，它不断提醒着人们要记住那场灾难。

亨利·摩根

加勒比海最恶名昭彰的海盗是来自威尔士的亨利·摩根。1668 年，他率领 500 名私掠者袭击了巴拿马的波托韦洛市，并抢掠了无数的金银珠宝。1671 年，摩根甚至带领着一支由 36 艘船和约 1800 名海盗组成的舰队彻底征服了巴拿马。当时，波托韦洛市是西班牙在美洲大陆最大且最富有的殖民据点。据说，大海盗摩根还制定了海盗法典。一名海盗在被正式雇佣前，必须在法典上签字。根据法典的规定，这名海盗将在船长选举时拥有民主发言权，并可以在抢劫后分得固定份额的战利品。皇家港沉没的四年前，即 1688 年，令人闻风丧胆的海盗之王亨利·摩根逝世。

错误的认知？

我们对海盗的认知受到了电影和书本的影响，而它们对海盗形象的塑造通常是错误的。

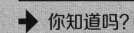

➜ 你知道吗？

海盗旗的英文名称是 "Jolly Roger"。该单词可能来自法语词汇 "joli rouge（鲜艳的红色）"，而海盗旗最初的颜色就是血红色。直到 1700 年左右，海盗旗才变成如今人们所熟知的样式——黑白双色的骷髅旗。

金字塔、外星人和假新闻

是坠落海底的 UFO 吗? 一个探险团队在波罗的海深处发现了这个诡异的金属圆盘。人们异想天开,不少人认为这是一艘太空飞船。

UFO?

时有消息传来,人们又在海底某处发掘出了奇怪的东西。而发现者通常会声称,他们找到了亚特兰蒂斯的遗踪,或是探寻到了另一个失落的古文明,又或是发现了天外来客到访地球的证据。然后,这类消息会在互联网上迅速传播开来,并引起各界群众的广泛关注。但是只要科学家深入调查就会发现,这类消息往往都是自媒体为了哗众取宠而炮制的虚假新闻。

波罗的海的怪异圆盘

2011 年,瑞典的一个寻宝团队在波罗的海用声呐探测海底沉船时,无意中发现了一个神秘的物体,这个所谓的"波罗的海怪异圆盘"很快走红网络。在这张相当模糊的图片中,我们能看见一个直径约 60 米的圆盘状物体。据说,这个海底构造不是天然形成的,因为人们还能在它上面辨认出一些类似于台阶和装卸平台的结构。一年后,这支探宝队伍再次派出队员下潜。他们想拍摄出清晰度更高的照片,但最终无功而返,因为他们的电子设备在水下突然失灵了。

不明飞行物?

针对这个在水下 80 米深处发现的异常物体,互联网上一时流言四起,言人人殊:有人说它是通往异世界的大门,也有人认为它是一艘坠毁的宇宙飞船——因为他们觉得圆盘和电影《星球大战》中的传奇飞船"千年隼号"有些许相似之处。来自瑞典、芬兰和美国的科学家从波罗的海的怪异圆盘上取回了样本,并对其进行了成分分析,他们得出结论:圆盘不是由外星金属制造的,而是由普通的砂岩、花岗岩和片麻岩构成的混合岩。尽管形状有些不同寻常之处,但是波罗的海的这一圆盘结构确实是天然形成的。据科学家推测,它可能成形于最后一次冰期:冰川夹带岩块和碎石移动,削切地表岩层,最终形成了这种独特的地质构造。

建筑物?

规整的巨石群

与那国岛海底地形的巨石形状规则、排列有序，似乎是人工打造的。或许，它们是大自然鬼斧神工的杰作？

与那国岛海底地形

与那国岛海底地形位于日本西南部，靠近同名的与那国岛。20 世纪 80 年代中期，日本的一名潜水员在此处发现了一片奇异的岩石构造。他从一开始就坚信，这个巨型岩石群是人工修建的。它位于 25 米深的海床上，外形近似一个扁形的长方体，朝上一面长 50 米宽 20 米。地球最后一个冰期的末期，即大约 10000 年前，这个岩石构造就已经存在于这片海域了。这片庞大的岩石群看起来确实异乎寻常：它的表面光滑平整，上面分布着一些道路状的阶地和被垂直岩壁围住的沟渠。所有岩石棱角的走向都近乎笔直，没有曲折或弯弧。这一切似乎都在告诉我们，这片岩石构造是由人工切割而成的。那么，真有一个不为人知的古代文明及其城市在这里消亡了吗？难道这就是日本版的亚特兰蒂斯吗？

水下金字塔

与那国岛海底地形的发现引起了社会各界的广泛关注，不少媒体声称这是一个震惊世界的考古发现，并认为它是一座水下金字塔。考古学家、地质学家、历史学家等各路专家学者对此莫衷一是，争论不休。争议的焦点问题在于，这片岩石构造究竟是一个高度发达的古文明遗迹，还是自然侵蚀作用的产物。在数百年前，这片海域的海平面更低，而多年的海水和风力侵蚀会改变这片巨石群的外观，将其表面打磨得更加平滑。因而地质学家认为，和上文讲述的波罗的海的诡异圆盘一样，与那国岛海底地形也是大自然的神奇造物。

台阶?

一个名为荒武喜八郎的日本潜水教练发现了图中的这片岩石构造，它看起来就像是通往高地的巨型台阶。

乌鲁布伦沉船中汇集了大量青铜时代的物品，为科学家研究该时期地中海地区的海洋贸易提供了珍贵的史料。

安提基特拉

2000年前地中海地区的典型商船如上图所示。在希腊的安提基特拉岛附近被海水吞没时，安提基特拉沉船正满载着各种奇货重宝和珍禽异兽。

乌鲁布伦

古希腊罗马时期的顶级沉船

嘘！

有趣的事实

可怜的小偷渡客

人们在乌鲁布伦沉船上找到了无数奇妙的物品，其中有一件尤为离奇：一块非常小的下颌骨。这块骨头来自一只叙利亚的小家鼠。这只小家鼠可能是趁商船中途在乌加里特港口停靠时偷偷上船的。

大约3300年前，一艘长约15米的商船正沿着现在的土耳其海岸航行。这艘船载满了各种专供贵族享用的奇珍异宝，也许它正在前往迈锡尼王国宫殿的路上，准备在那里交付货物。然而不幸的是，它最终未能抵达王宫。这艘船在乌鲁布伦海岬的基岩海岸附近触礁沉没。虽然对当时船上的水手而言这是一场可怕的悲剧，但是对今天的考古学家来说却是一件幸事。乌鲁布伦沉船被许多科学家誉为20世纪人类最重大的考古发现之一。

水下考古发掘

一名潜水员在海底采集海绵时，无意中发现了位于水下约60米深处的乌鲁布伦沉船。此后，一个由多国水下考古学家组成的专家组开始对这艘沉船进行调查和研究。为了完成所有文物的勘测和打捞工作，他们总共下潜了

22500次。在以往的古代沉船中，人们从未发掘出种类如此丰富、数量如此庞大的藏品。

乌鲁布伦沉船上的宝藏

建造船身的木材是雪松木，其中仅有3%保存了下来，其余部分都被蛀船虫啃食殆尽。船上的货物大多保存比较完好，它们是我们了解青铜时代地中海贸易和文化互动的珍贵资料。沉船上装载的最主要货物是10吨铜锭和1吨锡锭，这两种金属是制作青铜器的主要原材料——铜与锡按一定比例熔铸而成的合金最初呈金色，随着时间流逝产生锈蚀后变为青绿色，故名青铜。此外，考古学家还打捞出了150个双耳细颈罐，罐中存放着开心果树树脂、橄榄果、橄榄油、石榴和玻璃珠。乌鲁布伦沉船也运载了不少颇具异域风情的奢侈品，如象牙、河马牙、乌檀木（又名"非洲楝"）原木、

安提基特拉机械

瑰宝奇珍

虽然乌鲁布伦沉船的船体仅有 3% 的木材保存了下来，但是科学家可以借助古书中的插图复原和仿建古船，并测试其在水上的航行性能 ❶。人们从沉船残骸中打捞出了大量的文物，其中就包括左图中的这枚黄金吊坠 ❷，吊坠上雕刻的是女神阿斯塔蒂，她的手中举着一只羚羊。

一盏特别的天文钟

安提基特拉机械是一种天文钟，它用齿轮和表盘来表达天体的时空运行 ❶。为了深入了解该装置的运行机制，科学家们制作出了它的复制品。今天，人们可以在雅典考古学博物院中观赏青铜雕像"安提基特拉青年" ❷。

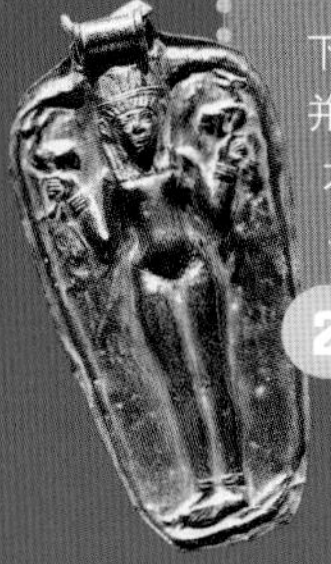

3 枚鸵鸟蛋、水晶、波罗的海的琥珀、2 个带有可活动翅膀的鸭形化妆盒、多个黄金吊坠和埃及王后纳芙蒂蒂的黄金圣甲虫印章。当然，人们也在海底找到了武器、厨具、渔具等船员的私人用品。

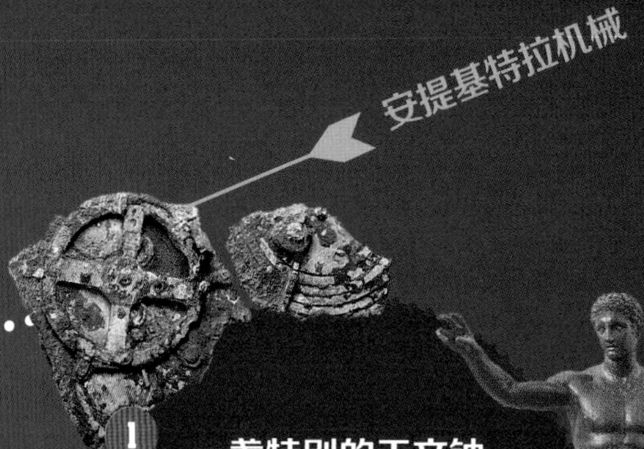

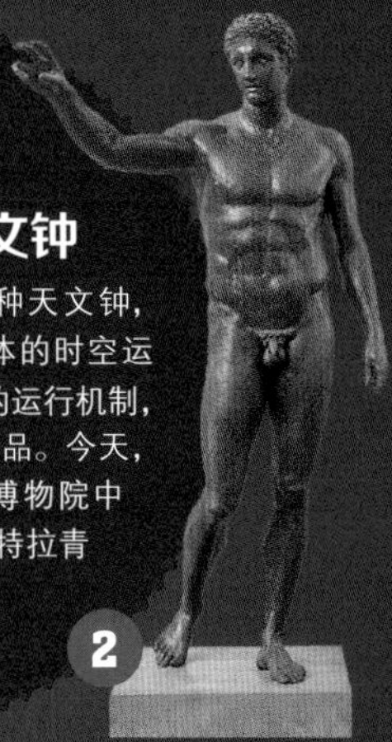

安提基特拉沉船

安提基特拉沉船也是潜水员在海底采集海绵时偶然发现的。这艘船长约 50 米，船体主要由橡木和榆木建造而成，它于公元前 1 世纪在一个名为安提基特拉的希腊小岛附近沉没。和乌鲁布伦沉船一样，这艘船也装载着不少价值连城的货物。水下考古学家在船内发现了大量的青铜和大理石雕像，其中包括一尊高约 2 米的青铜雕像，即所谓的"安提基特拉青年"，和一个希腊哲学家青铜头像——头像的大小和真人人头差不多。这是从安提基特拉沉船中打捞出的最著名的两件文物。此外，考古学家还在遗址中找到了金币、银币、陶器、玻璃和 22 块人类骸骨的碎片。

世界上第一台计算机

从安提基特拉沉船发掘出的文物中，最广为人知的当属安提基特拉机械。人们将它的 82 片残损零件打捞出水，然后将其重新组装。这台机械的结构是如此的精密复杂，学者们至今仍未弄清楚它的运作原理。他们利用 X 射线断层扫描技术对安提基特拉机械做了多次扫描造影，然后在电脑上完成了 3D 建模，接着造出

了该机械的复制品。这个仪器由 30 多个细齿齿轮组成，最初被放置在一个小木匣中。不久前，科学家们才有了新的发现：这个神秘的机械是用来预测日食和月食的发生时间的，算是一种特殊形式的历书。此外，当时的人们还用它来计算古代奥林匹克运动会的举办时间。该仪器能整合分散的数据资源，并对其进行综合分析。在此意义上，安提基特拉机械是人类历史上的第一台模拟计算机。古人的智慧真是不可小觑啊！

水下发掘

在水下，潜水员通常没有太多时间来悠闲地开展发掘工作。为了能尽快找到由钢铁、青铜或黄金制成的物品，他们会使用金属探测器。

金属探测器

纪录

"战神马尔斯号"战舰上共有

5000 枚金币和
20000 枚银币。

这些钱币是雇佣军的佣金。

"战神马尔斯号"战舰

"战神马尔斯号"战舰就像一座漂浮的堡垒，它曾令敌人闻风丧胆。

埃里克十四世

在继承王位后，埃里克十四世下令打造一支强大的舰队，他想以此来巩固自己的政治统治地位。

欧洲最强战舰

16 世纪时，瑞典国王埃里克十四世试图增强自身的政治影响力，扩张瑞典领土。为此，他命人建造了多艘战船，打造了一支强大的舰队，舰队之首是一艘非常特别的风帆战列舰（又名三桅战舰）——"战神马尔斯号"。它以古罗马战神马尔斯的名字命名，船身长度超过 50 米，一度是欧洲体形最大的战舰。"战神马尔斯号"载炮 100 多门，也是当时世界上火力最强的战舰之一。

出师未捷身先死!

1564 年 5 月 30 日，"战神马尔斯号"迎来了它第一次也是最后一次海战。在第一次北方战争期间，为争夺波罗的海的海上霸权，丹麦和汉萨同盟城市吕贝克及波兰结成同盟，与瑞典展开了一场长达七年的战争，战况空前惨烈。"战神马尔斯号"首登战场不久，便被敌军的火炮击中，陷入瘫痪状态，很快数百名敌方士兵就登上了"战神马尔斯号"。然而，船上突然燃起了熊熊大火，并点燃了火药库，紧接着两声惊天巨响传来，船身激烈地摇晃。这艘瑞典人引以为傲的战舰最终被翻涌的波涛吞没。

艰难的水下发掘工作

"战神马尔斯号"战舰的残骸于 2011 年被人们再次发现。它位于水下 76 米深处，只有训练有素、经验丰富的专业潜水员才能到沉船上进行调查和勘测。每次下潜他们也只能在海底停留半小时左右，然后就必须返回海面，

通过科研人员制作的影像镶嵌图，我们可以看到"战神马尔斯号"完整的水下遗址。在巨大的船体衬托下，背着白色氧气瓶的潜水员显得如此娇小。

整个上浮过程需要花费一个多小时。因为沉船遗址附近的水温仅 4℃ 左右，所以潜入水下的研究人员都穿着干式潜水服，戴着厚厚的防水手套，有的甚至还穿着电热背心。船蛆（亦称"凿船贝"）会对木质船体造成严重的破坏，但是它们在低盐、低氧的环境下难以存活，由于波罗的海的低温海水盐度和含氧量均比较低，因此"战神马尔斯号"能够比较完整地保存下来，考古学家才得以有幸一睹 16 世纪完整战舰的真容。

先进的技术

科研人员用侧扫声呐、回声测深仪和多波束测声系统对"战神马尔斯号"的残骸进行了初步探索。一台深水机器人直接从海底传送回了大量数据和资料。科学家们对 640 张高分辨率照片进行了预处理，然后将其镶嵌到一起，生成了一张沉船遗址的全景图。这张图片很快在世界范围内广泛流传。随后，科学家们又制作了"战神马尔斯号"的 3D 模型：研究人员为沉船拍摄了 20000 多张细节图，然后在高性能计算机上用特殊的软件将图片合成了一个 3D 数字模型。至此，我们终于可以近距离观察这艘世纪战舰，并感受它的历史了。

火炮的 3D 模型

在电脑程序的帮助下，弗洛里安·胡博利用大量的平面照片生成了火炮的 3D 数字模型，然后用 3D 打印机将其打印了出来。

不可思议！

理查德·隆格伦和英格玛·隆格伦两兄弟花了 20 年的时间来搜寻"战神马尔斯号"，终于在 2011 年找到了这艘沉船。孩提时代，他们俩就梦想着这一天的到来。

卡塔赫纳战役

1708 年 6 月 8 日，在哥伦比亚卡塔赫纳港口附近的海域爆发了一场激烈的海战。在战役中，帆船"圣何塞号"不幸中弹着火，最终沉入海底。

"圣何塞号"

宝藏沉船
"圣何塞号"的传奇故事

1708 年，3 艘西班牙船停靠在巴拿马的波托韦洛港，它们分别是"圣何塞号""圣华金号"和"圣克鲁斯号"。这 3 艘大帆船隶属于西班牙珍宝船队——德国人又称其为"白银舰队"，船上都装载着品类繁多的金银珠宝，因此护卫舰也在港内荷枪实弹、严阵以待，随时准备为它们保驾护航。据说，"圣何塞号"上载有 344 吨金币和银币，以及 116 箱祖母绿。

西班牙珍宝船队

西班牙珍宝船队是一支西班牙大型商船队。16 世纪至 18 世纪，这支船队每年两次往返于西班牙本土及其拉丁美洲的殖民地之间。船队将欧洲生产的日用品运往拉丁美洲的殖民地，然后再将从殖民地搜刮来的贵重金属（白银等）载回西班牙。

最大的海底宝藏

1708 年 6 月，"圣何塞号"等商船从巴拿马启程，前往哥伦比亚的卡塔赫纳港。然而，它们在那里遭到了 4 艘英国战舰的伏击。英国战舰发动袭击的目的是劫掠商船上的宝物。一场惨烈的海战之后，"圣华金号"成功逃脱，"圣克鲁斯号"被敌人俘虏，而"圣何塞号"则在距离卡塔赫纳港数千米处发生爆炸，并沉入海洋深处。自 1708 年 6 月 8 日以来，"圣何塞号"就成了世界价值最高的海底宝藏之一。

亿万宝藏

按照今天的汇率估算，"圣何塞号"上的宝藏总价值约数十亿欧元。因此，寻宝猎人都将这艘西班牙大帆船视作宝藏沉船中的头等大奖。1981 年，美国的一家寻宝公司声称，他

金 币

"圣何塞号"上究竟装载了多少金币和银币，至今仍是一个未解之谜。

纹 章

青铜炮

"圣何塞号"的青铜炮散落在海底。

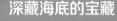

"圣何塞号"及其宝藏所处的位置距离卡塔赫纳海岸30千米。

沉船位置

南美洲

深藏海底的宝藏

"圣何塞号"在卡塔赫纳港附近沉没,500名船员、士兵和乘客在此次灾难中不幸丧生,仅有少数人幸存下来并成功获救。除了各种金银珠宝,这艘船上还有不少船员的个人用品,它们也随着"圣何塞号"被海水吞没。

们已经锁定了"圣何塞号"沉没的海域范围。2015年,哥伦比亚总统胡安·曼努埃尔·桑托斯·卡尔德龙公开表示,一个国际专家小组在无人潜航器REMUS6000的帮助下发现了一艘沉船的遗骸,专家们根据声呐图像上的青铜炮可以断定这艘沉船就是人们搜寻已久的"圣何塞号"。数百年来,它远离尘世的浮华与喧嚣,静卧在海底600米深的时光缝隙之中,耐心地等待着重见天日的那一天。

宝藏归属权之争

既然宝藏已经被发现了,就该考虑建博物馆的事情了,这样文物被打捞出水后,才有地方展出。然而,随之而来的是一场旷日持久的国际法律纠纷,多个国家就沉船及其宝藏的所有权存在分歧。依据联合国教科文组织国际公约,沉船文物是原主人的财产,因此"圣何塞号"属于西班牙。但是由于哥伦比亚不是该公约的签约国,不受公约束缚,因而哥伦比亚政府认为,鉴于该沉船是在哥伦比亚管辖的海域发现的,毋庸置疑,所有宝藏均应归于哥伦比亚。哥伦比亚政府甚至出售了一部分打捞出来的文物,但此举遭到了诸多考古学家的质疑:他们认为,古沉船是历史留下的"时间胶囊",是全人类共同的财富,不能简简单单地用来做金钱交易。除西班牙和哥伦比亚外,于20世纪80年代确定沉船位置的美国寻宝公司也要求分得沉船的部分收益。2017年6月,哥伦比亚总统宣布,"圣何塞号"的打捞工作即将正式展开。然而迄今为止,哥伦比亚政府仍未采取任何实际行动。现状令人费解:难道"圣何塞号"并没有被找到吗?

知识加油站

▶ 西班牙大帆船是16世纪时西班牙人大规模建造的一种大型三桅帆船。

▶ 西班牙大帆船航速快,易驾驶且适航性好,因此英国、葡萄牙等多个航海国家也开始广泛使用这种船舶,并对其进一步改进和完善。

▶ 西班牙大帆船的典型特征是船头的撞角,即船首处的一块突出的平台。随着时间的推移,西班牙大帆船的撞角变得越来越华丽,上面常常雕满了花纹和图形,有的撞角甚至被雕刻成了人像。

"邦蒂号" 事件

我还不想回家!

1787 年，一艘名为"邦蒂号"的三桅帆船从英国启航。这艘长约 27 米的船本应驶往位于南太平洋的塔希提岛，并在那里收集面包树的树苗。然后船员们得把树苗直接运送到加勒比地区去种植，为当地甘蔗种植园的黑奴提供廉价的食物。"邦蒂号"上共有 46 名船员，船长是 33 岁的威廉·布莱少尉，他曾在知名探险家詹姆斯·库克手下服役。

希提岛四季温暖如春，物产丰富，因此这座岛屿享有"离天堂最近的桃源乡"的美誉。在亲切友好的当地人的陪伴下，"邦蒂号"的船员将在这座天堂岛上待 5 个月左右。他们在岛上开派对和办酒会，整日游手好闲、无所事事，其中有些人甚至按当地习俗在身上刻上了文身。在岛上，船员们尽享美妙时光，充分体验了异国风情。

通往天堂的漫长旅程

在海上航行了 10 个月之后，"邦蒂号"终于到达塔希提岛，并停泊在了马塔瓦伊湾。塔

船员叛乱

1789 年 4 月初，"邦蒂号"带着船员收集的 1015 棵面包树的幼苗离开了塔希提岛。随后 4 月 28 日，"邦蒂号"上爆发了一场著名的叛乱。此次船员暴动事件屡被文人写成小说和话剧，好莱坞也曾多次将这一故事拍摄成电影。

弗莱彻·克里斯琴

弗莱彻·克里斯琴 18 岁时就开始驾船出海。后来，他领导了一场著名的船员叛乱。

威廉·布莱

与影视作品里塑造的人物形象不同，历史上真实的威廉·布莱并不是一个残暴不仁的喋血军官。相反，他为人正派，能做到铁面无私、秉公执法。

①

惨遭流放

"邦蒂号" **①** 上发生叛乱时，船长布莱和 18 名忠于他的船员被放逐。叛变者将他们遗弃在了无边无际的太平洋上 **②**。

长在树上的"面包"

面包树原产自波利尼西亚。面包树的果实最重可达 6 千克，和土豆一样具有多种用途和功效。

面包树的果实

THE BREAD FRUIT TREE.

叛乱的前一晚，船长威廉·布莱指控大副弗莱彻·克里斯琴私吞了船上的物资。蒙受不白之冤的克里斯琴感觉十分委屈，他喝得酩酊大醉，并向几名船员提到了自己希望乘木筏回塔希提岛的想法。据一些历史学家猜测，克里斯琴最终被同伴说服，放弃了独自返回塔希提岛的计划，决定和其他人一起发动叛变，流放布莱船长。心动不如行动，说到不如做到：在克里斯琴的指挥下，反叛者劫持了"邦蒂号"，并强迫布莱及其追随者登上了随船小艇。

惨遭流放，海上求生记！

就这样，19 个男人乘坐着一叶仅长 7 米的小船，被曾经的同伴遗弃在了一望无际的太平洋上。除少量的食物和饮用水以外，反叛者只给他们留下了一个指南针、一个八分仪和一块怀表。然而，布莱却利用这几样东西带着他的追随者存活了下来。他们乘着"邦蒂号"的随船小艇历经 48 天成功航行了约 6000 千米，最终到达了位于印度尼西亚古邦的荷属殖民地。布莱具有出色的航海技术，在旅途中，他给同行人员每日只分配了 60 克面包干和 125 毫升水，如此他们才得以完成航行并获救。返回英国后，威廉·布莱接受了军事法庭的审判，被无罪释放——英国皇家海军所属的船只失踪时，军事法庭会启动问责调查程序，并举办庭审。

被焚毁的"邦蒂号"

叛乱事件结束后，反叛者驾船返回了塔希提岛。因为害怕被英国皇家海军逮捕，他们当中的大多数人都想带着一些塔希提岛的当地人再次启航，找一处孤岛安家。然而，有 16 名反叛者在百般纠结后还是决定继续留在塔希提岛。其他人则随着弗莱彻·克里斯琴扬帆起航，最后航行至杳无人迹的皮特凯恩岛，并决定在岛上定居。他们在那里点燃了"邦蒂号"，然后将其沉入了海底。直到今天，"邦蒂号"的部分残骸仍然静静地躺在海底。人们只打捞出了一个船锚和一台火炮，如今它们被放置在一个名为亚当斯敦的小村庄里。村庄的定居人口大约为 50 人，他们是反叛者的后代。

FIRST DAY OF ISSUE
PITCAIRN ISLANDS

ANNIVERSARY OF THE BURNING OF THE BOUNTY

皮特凯恩岛

皮特凯恩岛面积较小，地理位置偏远，对反叛者来说是一个完美的藏身地。时至今日，他们的后代仍生活在岛上。

有趣的事实

一年一度的"邦蒂号"纪念日

每年的 1 月 23 日是"邦蒂号"纪念日。在这一天，皮特凯恩岛的住民会将一艘体积较小的模型船推到水里，然后将其点燃。他们用此仪式来纪念 1 月 23 日这一特殊的日子。这天，他们的祖先来到了皮特凯恩岛，并在这里开始了新生活。

"泰坦尼克号"——
世界上最著名的沉船

万众瞩目的处女航

在万众期待中,"泰坦尼克号"荣耀启航。

世界上最著名的沉船莫过于"泰坦尼克号"。1912年的一个深夜,这艘豪华游轮遭遇厄运——它撞上了一座冰山,就此沉没。这个故事在全世界几乎家喻户晓,尽人皆知。"泰坦尼克号"径直沉入海底,沉睡在位于水下约3800米深处的海床上。那里终日漆黑一片,物体所承受的压力大约是陆地的380倍。美国的水下考古学家罗伯特·巴拉德于1985年找到了"泰坦尼克号"的残骸。知名导演詹姆斯·卡梅隆以此为原型,凭借自编自导的电影《泰坦尼克号》横扫奥斯卡11项大奖。为了筹拍这部电影,他曾多次乘坐潜艇潜入大洋深处,对"泰坦尼克号"的残骸进行实地考察。

顶级游轮

"泰坦尼克号"全长约269米,宽约28米,高度约53米。船上4个烟囱的平均高度约为19米。船底共安装有3个螺旋桨,其中外侧的两个螺旋桨直径约为7米,重达38吨。诞生之初,"泰坦尼克号"被世人誉为"世界工业史上的一个奇迹",其安全性为业界所津津乐道:由于船身上装有自动水密门,因而当时的一本专业杂志称其为"永不沉没"的巨轮。"泰坦尼克号"上三个等级的舱位都相当舒适,而头等舱细心周到的服务更是让人感到宾至如归——正是凭借优质的服务,英国白星航运公司才得以超越竞争对手,成为行业翘楚。

"阿尔文号"潜艇

直到今天,人们还在对深海考察潜艇"阿尔文号"反复进行技术检修。这艘潜艇已经"服役"40多年,共完成了5000多次潜水任务!

"泰坦尼克号"所带来的教训过于惨重，为了防止未来发生类似的灾难，国际冰情巡逻队于1914年正式成立。平日里，巡逻队会派出飞机监测和追踪北大西洋海域的冰山动向。

撞击冰山之时

临近午夜时分，"泰坦尼克号"突然撞上了一座冰山。船身和底舱出现多处裂缝，海水霎时源源不断地涌入舱内。

穷途末路

虽然"泰坦尼克号"在当时享有"永不沉没的巨轮"的美誉，但在与冰山相撞后它还是沉入了深深的海底。在此次海难中，许多人不幸罹难。

前方出现冰山！

1912年4月10日星期三，"泰坦尼克号"开启首航，从英国的南安普敦前往美国纽约。船长是爱德华·约翰·史密斯，船上共载有1300多位乘客和近900名船员。海上行驶四天后，周日晚上11时40分灾厄突然袭来。此时，"泰坦尼克号"正在纽芬兰岛东南方向约482千米的海域上航行。瞭望员弗雷德里克·弗利特在游轮的正前方发现了一座冰山。他敲了三下警钟，向全体船员发出了紧急警示。此外，他还通过电话向舰桥内的船员发出警告："报告，前方发现冰山！"但是一切还是太迟了！"泰坦尼克号"距离这座重达50万吨的冰山太近，碰撞已经无法避免。剧烈的撞击使游轮的外壳上出现了数道裂缝。大约2小时40分钟后，"泰坦尼克号"从海面彻底消失。虽然撞击发生后，人员的疏散和撤离时间其实是充足的，却仍有1500多人不幸丧生。造成这一状况的主要原因是，随船配备的救生艇数量不足，而且船员未熟练掌握救生艇的使用方法。由于遇难人数众多，"泰坦尼克号"沉没事故成了世界航海史上规模最大、知名度最高的海难之一。

"泰坦尼克号"的残骸

1985年，一支探险队用一台名为"Argo"的特殊仪器找到了"泰坦尼克号"的残骸。Argo机体上装配了声呐和摄像头，科研人员用电缆拖着它在距离海床一定距离的水中滑行。在海底搜索过程中，科学家们发现"泰坦尼克号"的船体裂成了两半。一年以后，水下考古学家罗伯特·巴拉德乘坐着"阿尔文号"深海潜艇完成了对"泰坦尼克号"残骸的首次实地探索。此后，不少探险队和科研团队追随着他的步伐，也对这艘沉船进行了水下勘查。

贪食的细菌

科研人员在"泰坦尼克号"的残骸上发现了一种细菌，这种细菌甚至连钢铁都"吃"。

出水文物

时至今日，已有5500余件文物被打捞出水。除了乘客和船员大量的私人物品外，人们还找到了"泰坦尼克号"的船铃——船铃是当时每艘船只的心脏。

海 战
德国 UC-71 潜艇不仅可以铺设水雷和发射鱼雷，艇身上还装有一门甲板炮。

士兵

UC-71 潜艇之谜

1919 年 2 月 20 日，天空灰蒙蒙的一片，带着淡淡咸味的冰冷海风从西南方向呼啸而来，海面波涛汹涌，此时"泰尔斯海灵号"拖船正在德国赫尔戈兰岛附近的海域破浪前行——它拖带着德意志帝国海军的一艘潜艇 UC-71。德国是第一次世界大战的战败国。根据战败条约，UC-71 潜艇将和其他潜艇一起被交付给英国。惊涛骇浪拍击着 UC-71 潜艇的指挥塔，艇身开始前后摇晃。"我关闭了所有舱口和舱壁，让艇员都上了拖船。"六天后，指挥官科勒向他在柏林的长官发电报说，"潜艇突然开始下沉，原因不明。情况紧急，我被迫弃艇。不到一个小时，潜艇就彻底沉没了。随后会有详情报告。"

谜团重重

长久以来，UC-71 潜艇都静静地沉睡在赫尔戈兰岛附近的海域中，几乎消失在了人们的记忆里。直到几年前，水下考古学家才决定要对这艘潜艇进行水下勘查，想要查明其无故沉没的真相。为什么事故发生时，UC-71 潜艇没被带回仅 1000 米外的赫尔戈兰潜艇基地？为什么指挥官科勒再没发出他所承诺的详情报告？潜艇是被人故意弄沉的吗？如果是，为什么要这样做？

探秘潜艇残骸

到达 UC-71 潜艇的残骸附近后，水下考古学家将潜艇的所有细节用照片记录了下来：

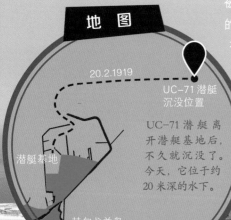

地 图

20.2.1919

UC-71 潜艇沉没位置

UC-71 潜艇离开潜艇基地后，不久就沉没了。今天，它位于约 20 米深的水下。

潜艇基地

赫尔戈兰岛

潜艇基地 ➤

赫尔戈兰岛
第一次世界大战和第二次世界大战期间，德国的军舰多驻扎在这里。如今，这座北海岛屿的水上和水下风景都十分秀丽，简直是人间天堂！

艇首，载有 18 枚水雷的水雷舱、两个螺旋桨的艇尾部分，以及高高的指挥塔——潜水员通过指挥塔可以进入潜艇内部。除了指挥塔，指挥塔前后的两个舱口也可以通往潜艇内部。瞧，科勒指挥官撒谎了：这两个舱口在潜水员到达时明明是敞开的。

故意制造的潜艇沉没事故？

研究人员甚至能通过前面的舱口进入潜艇内部。人们发现，就连潜艇内部舱室的舱壁也都没关上。但是指挥官科勒不是在电报中说，他把所有的舱口和舱壁都关闭了吗？因此考古学家猜测，UC-71 潜艇是被人故意弄沉的。所谓的恶劣天气，不过是科勒为了掩盖真相、误导世人而放出的烟幕弹。

秘密日记

在调查过程中，考古学家找到了两本旧日记，它们均出自格奥尔格·特林克斯之手。特林克斯曾是 UC-71 潜艇上的机械师，他在日记中讲述了自己在潜艇的日常生活和工作。第二本日记的结尾部分为考古学家提供了确凿的证据，证实糟糕的天气并不是潜艇沉没的真正原因。他在日记中写道："……在离开赫尔戈兰岛不久后，它突然沉没。英国人不能登上这艘潜艇，这是艇员们的共同意愿，他们做到了。艇员们被随行的拖网渔船所救，这艘渔船是为了防止意外情况出现而随拖船和潜艇一同出海的。"

记录下落不明

凯·齐尔扎诺夫斯基在一部电视纪录片看到了 UC-71 潜艇的故事，然后他想起了曾祖父格奥尔格·特林克斯的日记。他不假思索地将日记寄给了从事相关研究的考古学家，最终他们解开了 UC-71 潜艇的秘密。

真相大白

UC-71 潜艇的艇员们在艇内同甘苦、共患难，一起生活和战斗了数月之久，因此他们不希望把自己的潜艇转交给敌人。如果 UC-71 潜艇落入敌人手中，他们的荣誉也会受损。于是他们打开了海底阀，以使潜艇进水沉没。另外，他们也没关舱口和舱壁。一个世纪以来，艇员们始终共同保守着这个秘密。

➤ 你知道吗？

随着雷达技术的进一步发展，人们得以在水下探测到潜艇的位置。德语缩写单词"Radar（雷达）"来源于英文词组"radio detection and ranging"，意思是"无线电探测和测距"。

潜艇的声呐图像 ❶

水雷舱

指挥塔

❷

保存完好

在多波束声呐图像上，人们可以清楚地看到整艘潜艇❶。就连潜艇的指挥塔❷也保存完好，悄然直立在北海海底。

滴答作响的定时炸弹

锈迹斑斑的油桶

大量的油桶静静地躺在沉船的货舱里，它们正在缓慢但持续地生锈腐烂。

世界范围内，至少有 8569 艘载有危险物品的沉船在海底沉睡，它们慢慢生锈，逐渐腐烂。这些沉船的历史大多可以追溯至第二次世界大战时期。它们就像进入倒计时的定时炸弹，船体迟早会崩裂朽坏。到那时，多达 2000 万升的重油、柴油和煤油可能会在海洋中大范围扩散，对生态环境造成毁灭性破坏。

太平洋中的特鲁克潟湖

在太平洋中部，夏威夷和菲律宾之间，坐落着丘克环礁湖，人们也称其为特鲁克潟湖。环礁在太平洋中所处的位置使其颇具战略价值，因此日本人曾在这里建造了他们最重要的海军基地之一。1944 年，美国海军的战斗机轰炸了特鲁克潟湖。此处的日本海军基地和环礁内的大部分岛屿在这次轰炸中几乎被彻底摧毁。此外，停靠在这里的约 60 艘日军战舰和运输舰也全部被击沉。今天，特鲁克潟湖已成了潜水爱好者的最佳潜水地之一。然而，那时的沉船也在逐渐腐烂生锈，船体迟早会崩塌瓦解。

油污泄漏

海洋学家已经观察到有 7 艘沉船存在油污泄漏的问题。有一种特殊的电脑软件可以对风力、洋流、季节和潮汐等影响因素进行综合分析，然后计算出油污在海洋中扩散的速度。专家们使用这种软件计算出，在一定的条件下，沉船上泄漏的油污在一小时内就可以扩散至最近的岛屿。届时小岛边缘的红树林、珊瑚礁和沙滩将在短时间内被一层有毒的浮油所覆盖，当地的渔业和旅游业将遭受毁灭性冲击，海洋动物可能会大量死亡。

坠毁的飞机

海底不仅有沉船，还有很多飞机的残骸。

潜水员甚至在一艘沉船的甲板上找到了一架旧坦克。

坦克

高昂的打捞成本

美国海军曾打捞"密西西内瓦号"油轮。人们可以借鉴美军的方法和经验来打捞特鲁克潟湖的沉船上的有害物质。在潜水员的协助下，当地人已用液压泵从沉船的 16 个油箱及其他部位吸出了约 6000 立方米的油污。回收的这些油污经过净化和再生处理后，会被销售到新加坡。然而这一整套流程需要花费大约 440 万欧元。当然，美丽的海洋值得我们去为它付出！

德国人"家门口"的炸弹

德国境内的水体中也隐藏着巨大的安全隐患：欧洲北海和波罗的海的海床上散布着约160万吨的炸药。如果我们将这些炸药全部装入一列货运列车，这列火车将会长达3000千米——相当于德国基尔和希腊雅典之间的距离。虽然炸弹在海水中的生锈速度比较慢，但它们仍会释放有毒物质和部分致癌成分到海水中。研究表明，外泄有毒物质已经影响了在该海域生活的海洋动物的健康。在不久的将来，这些有毒物质会沿着食物链不断累积，最终威胁到人类自身。

出自波罗的海的恩尼格玛密码机

2020年11月，科学潜水员在波罗的海海底找到了一台打字机，这是一台非常特殊的打字机——恩尼格玛密码机（德语：Enigma，又称为"哑谜机"）。"Enigma"一词源自希腊语，意为"谜语"。在水底被发现时，这台密码机正被一团旧渔网缠绕着。第二次世界大战期间，德军发出的无线电讯大多都通过恩尼格玛密码机加密了，接收方收到信息后会再用密码机解密。在整个通讯过程中，只有接收方知道发出电讯的恩尼格玛密码机的所有设置，才能对收到的加密讯息进行解密，并将密文还原为明文。恩尼格玛密码机的核心组成部件包括一个用来输入字母的键盘、三个或四个可以互换位置的转子，以及一个由小灯泡组成的简易显示器。1945年第二次世界大战结束时，多艘德属潜艇和军舰在收到来自总部的最终指令后，为了不让军事舰艇落入敌人手中，集体自沉。潜水员找到的这台密码机可能就是那时被抛入海中的。

意外的发现

弗洛里安·胡博仔细地检查了这台恩尼格玛密码机的情况，然后小心地把它从渔网中取了出来。随后，人们将密码机打捞出水，并对其进行了修复。

蓝 洞

蓝洞本是地表岩层塌陷后形成的洞穴或天坑。随着海平面的上升，这类洞穴或天坑被水彻底淹没，就形成了蓝洞。

探秘水下洞穴

世界各地的考古学家都在水下洞穴中发掘出了来自不同历史时期的文物。洞穴潜水基本上是没有危险的，但是在开展潜水任务前，我们必须接受专业的培训，购置特殊的潜水装备，并组建一支自己可以信赖的潜水队。在进行洞穴潜水时，最重要的是要布置好引导绳。在探索洞穴的过程中，潜水员要确保引导绳始终在自己的视线范围内，才能找到返回洞口的出路。此外，洞潜者总会随身携带双份的潜水装备，包括 2 个潜水瓶、2 个呼吸调节器、2 个潜水电脑表、2 个照明灯具和一个备用潜水面罩。

万一某个装备破损了，潜水员就可以赶紧换备用品。下潜过程中，正确地分配氧气消耗量也十分关键：去程

图中，一名潜水员正缓缓潜入洞穴深处。在水下洞窟中潜水时，人们必须携带光线较强的照明灯具，以免在黑暗的洞穴中迷失方向。

引导绳

危急时刻，潜水员可以沿着进洞时布置的引导绳原路返回洞口，因此引导绳被称作洞潜者的"生命线"。

消耗三分之一，返程消耗三分之一，还有三分之一用来应对紧急情况。

水下发掘时间紧迫

水下考古学家在洞穴中进行探索和调查的时间通常十分有限，因此他们会在发掘工作中使用特殊的潜水相机。他们用这种照相机从各个角度为水下文物拍照。上岸后，他们就可以在电脑上细细地查看这些照片，并将它们合成一个 3D 数字模型。有时考古学家会在水下洞穴中找到人类或动物的骨骼，他们会从骨骼上取样，然后将样本带回实验室。在实验室内，他们会用碳 –14 法来测定样本的年代。

巴哈马的蓝洞

巴哈马群岛上有 1000 多个蓝洞。蓝洞是向地表敞开且内部充满水的圆形洞穴，它们通常位于海岸附近的浅水区（海洋蓝洞）或内陆地区（陆地蓝洞）。蓝洞深度较深，内部构造复杂。在蓝洞内潜水时，你既可以潜入深深的水下，还可以探索大大小小的分支洞穴。巴哈马群岛上最著名的蓝洞是迪恩斯蓝洞。它的深度为 202 米，是世界上最深的蓝洞之一。

岩 洞

较小的洞穴也常被人们称作岩洞。它们的面积较小，深度也较浅。

马略卡岛上的隐秘洞穴

马略卡岛位于地中海，岛上风光旖旎，景色迷人。在这座岛上也分布着大大小小的洞穴，而且人们在洞内也时不时有考古发现。不久前，人们在该岛东北部的塞斯·阿吉亚达斯洞穴中发现了一只古希腊罗马时期的双耳细颈罐。这只罐子是用来取水的吗？或是被古人故意扔了？还是出于宗教祭祀的目的被带到了洞内？对此，科学家目前还无法做出准确的判断。他们必须进一步深入调查和研究，才能对这个问题作出解答。

双耳细颈罐

考古宝库

整个加勒比海最重要的考古遗址可能是扫密尔水坑。扫密尔水坑是深达 60 米的蓝洞，洞口呈圆形。在洞内，潜水员找到了卢卡亚原住民的骨骼、数十具鳄鱼骨架、多种乌龟的龟壳，以及鸟、蝙蝠、蛇和蜥蜴的遗骸。人们在扫密尔水坑中发现的最古老的物品已有近 6000 年的历史。此外，科学家们还找到了植物化石——既有花粉等微体化石，也有裸眼可见的大化石。这些化石中蕴藏着重要的历史信息，可以帮助我们了解该地区当时的植被情况。

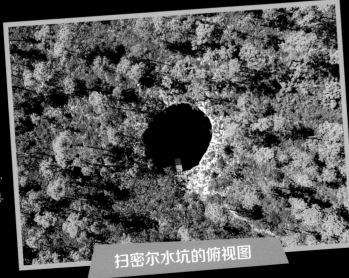
对于考古学家来说，名为"扫密尔水坑"的蓝洞是一座货真价实的文物宝库。

扫密尔水坑的俯视图

通往地下世界的入口

墨西哥尤卡坦半岛稠密繁茂的丛林中隐藏着 300 多个大小不一的圆形水洞，人们称其为天然井。据科研人员估计，岛上天然井的实际数量甚至可能多达 1 万个。天然井是由于地表石灰岩层坍塌而形成的洞状陷穴。地下水可以通过石灰岩内的孔隙和裂缝流入天然井。潜水爱好者可以潜入天然井内，去探索地层深处的洞穴系统。在天然井内潜水时，他们时常会有一些重要的考古发现。

天然井

"cenote"一词源自玛雅语，原本的含义为"圣井、圣池"。对于玛雅人来说，天然井不仅是淡水水源地，还是举行拜神和祭祀仪式的宗教场所。玛雅人认为，天然井是通往地下世界"希泊巴"（玛雅语：Xibalbá）的大门。"Xibalbá"意为恐惧之地，是玛雅神话中的冥界。在天然井中，水下考古学家发现了陶瓷器皿、斧头、玉石首饰、热带贝壳、镜子和人骨。早在 1900 年前后——当时，水下考古学作为一门学科还处于起步阶段——人们就已经在玛雅城邦奇琴伊察的一个天然井里发掘出了 80 具成人和儿童的骨架。他们还在骨头上发现了切痕。玛雅人会举办活人祭祀来取悦雨神，请求雨神恰克降下甘霖。直到今天，一些玛雅人的后裔仍会定期向雨神献祭熏香、甘蔗酒、鲜花、烟草或小动物。

水下墓地

难以置信，在一个名为"头骨"的天然井内，潜水员们共找到了 126 具人类骨架，它们均来自玛雅文明早期。水下考古学家认为，此处是

最后的准备工作

图中，潜水员们正对他们的装备做最终检查。接下来的几个小时，他们将一直待在水下洞穴中。

神奇的地下世界

在墨西哥的天然井中，潜水是一种新奇而独特的体验。洞中的水温在 26℃左右，十分舒适宜人。水如明镜一般透亮，置身其间仿佛在另一个世界漫游。

一个墓地，玛雅人曾在这个天然井内进行水葬。但这还不是全部事实：其中的一些颅骨严重变形，被人为拉长了，颅骨上的一些牙齿甚至被锉尖了。事实上，一些玛雅人这样做，只是为了变得更漂亮。他们认为这样的头型和牙齿更时尚。

巨大的洞穴系统

墨西哥洞穴系统的总长约为 1000 千米，潜水员已在那里发现了许多史前时期的人类遗址。大约 1 万年前，这些洞穴内还是干燥的，人类和动物会在洞内居住或暂时寻求庇护。水下考古学家在墨西哥的洞穴内找到了史前时期的灶具，以及人类和动物的骨骼，其中甚至包括地獭、大象和熊的骨架。最近，潜水员还发现了一具完整的年轻女孩的骨架，发现地位于名为"黑色洞穴"的洞穴内近 50 米深的水下。科学家们给这副骨架的主人取名为娜亚。研究表明，娜亚生活在距今约 12000 年前。

玛雅人的骨架

图中，一名潜水员正在小心翼翼地打包一块骨头。晚些时候，科研人员会在实验室内研究这块骨头。

玛雅人头骨

人们在名为"头骨"的天然井内找到了一百多具人类尸骨。这真是令人毛骨悚然！

颈椎骨 ➤

开矿设备

板岩矿

早在欧洲中世纪时，德国人可能就已经开始在纳特拉尔矿区开采板岩。这种灰色的岩石非常结实耐磨，但是同时人们用简单的工具就可以对其进行加工。

矿洞潜水

燧石矿

在矿井或矿山内工作十分辛苦。为了挖到隐藏在地底的矿物，矿工们冒着生命危险，付出了巨大的努力。

为了获取更多的原材料，人类不断深入地球的内部，开采蕴藏在地壳中的矿物资源，如煤、金和钻石等。不少昔日的废弃矿坑或矿洞如今已经成了潜水发烧友的打卡圣地：他们潜入矿洞深处，尽情探索着那片澄澈深邃的水域。潜水员们时不时会在矿坑底部发现矿工们留下的有趣物品。但是潜水时，请务必注意安全！矿洞深处漆黑一片，水温很低。在开启这场特别的地下冒险前，请先接受专业培训，成为一名合格的洞穴潜水员，并购置特殊的潜水装备。

人类何时开始在地下采矿？

迄今为止，世界上发现的最古老的矿山位于埃及。早在 3 万多年前，人类就已经开始在地下开采燧石了。公元前约 6000 年，欧洲正处于新石器时代，在下巴伐利亚行政区的阿恩霍芬附近出现了欧洲最大的燧石矿。考古学家在矿区内发现了 2 万多口矿井。石器时代的矿工在这些矿井内向地球深处挖去，以获取更多的燧石资源。燧石是当时最珍贵的矿石之一，燧石之于石器时代相当于钢铁之于现代社会。燧石十分坚硬，破碎后能产生尖利的锋口，所以石器时代的人类常用其制造工具和武器。

引导绳

纳特拉尔板岩矿

　　纳特拉尔矿区位于德国绍尔兰地区。1878年，矿工们开始了该矿区第一条矿道的挖掘工作。在该矿区从事板岩开采工作的矿工人数一度达到 200 人。那时，人们用板岩等材料来搭建房屋的屋顶。1878 年后的 100 多年里，矿洞内开采出的坚硬板岩都是纯靠人力用矿车运到地面的。经过一个多世纪的矿石开采，该地的地下矿道逐渐组成了一个巨大的地下迷宫：迷宫共有五层，内有大厅和长达数千米的通道。1985 年，电力供应中断，纳特拉尔矿区停止运营。该地区的地下水一直在不断向矿内渗透。运营期，液压泵会将渗入矿井的地下水抽出，然后排入附近的鲁尔河；矿区关闭后，液压泵停止工作，矿区内的矿洞逐渐就被地下水灌满了。然而，矿洞内地下水渗透的过程持续了七年多时间，才达到现在的水位。五层矿井的最下面两层中约有 12 千米的矿道被地下水彻底淹没。在那里，潜水员们可以穿过幽长的通道，进入极其开阔的地下厅堂——这些地下大厅几乎和教堂一般大小。

潜入时光深处

　　在纳特拉尔矿区的矿洞中，潜水就犹如一场穿越时空的旅行。矿区终止运营时，当时的矿工把所有的工具和设备都留在了矿内。图中的这辆手推车就是当时人们留下的。

不可思议！

　　在纳特拉尔的板岩矿内有许多新奇有趣的事物值得潜水爱好者前去探索。矿洞中四处散落着大量的采矿工具和设备，洞壁上还挂着矿工的旧夹克。

矿洞为什么会被水灌满？

　　这个问题的答案很简单，因为地面以下的土层和岩石空隙中赋存着大量的地下水。有些地区的地下水甚至是高品质的饮用水。矿工在地底挖出矿道后，地下水就会渗入这些新的洞穴中。因此，为了确保地下采矿工作的安全，人们必须不断地抽排渗入矿内的地下水。过去，人们可以用液压泵来抽排地下水，或在地底铺设排水管道，然后将地下水引流入矿洞深处的蓄水池。

阴森神秘的

沼泽地

面具

这面白银制成的面具是一顶华丽的日耳曼头盔的一部分。人们在德国石勒苏益格－荷尔斯泰因州的托尔斯伯格沼泽中找到了它。

路标

这两枚人形立牌是路标吗？难道和前东德时期的交通信号灯小人一样，它们也是用来指示和说明沼泽地的通行时间和通行人群的吗？目前，研究人员对此尚未得出结论。

木板路

过去，人们会在沼泽地中铺设如图所示的木板路。在这种路上，人们可以驾驶马车，安全地穿越沼泽。

沼泽地乍一看并不吸引人：常年不散的蔼蔼雾气让它蒙上了一层阴森恐怖的面纱，难免使人心生畏惧，不愿轻易踏足。毕竟，一不小心我们可能就会在沼泽中迷路，或是陷入泥潭，并在苦苦挣扎后被泥沼吞没。事实上，上述情况在沼泽地中确实时有发生。这就是一些考古学家仔细研究沼泽地的原因，他们的主要研究对象是埋藏在沼泽深处的人类和动物的尸骨以及各种物品。这些骨骼和物品在湿润的泥土中封存了数百至数千年之久，至今仍悠悠述说着如烟往事。

世界上最古老的交通道路

在欧洲，过去的人们只有在气候干燥的夏日才能穿越辽阔的沼泽地；或是在冬季气温极低时，滴水成冰，沼泽表层的土壤彻底冻结，此时人们也可以赶着牛车在沼泽上行走。一年中的其他日子，尤其是天气温暖潮湿的时候，沼泽地几乎完全无法通行。因此早在新石器时代，德国人就开始用木头在沼泽地中筑路了。位于德国下萨克森州的史前沼泽道路长达数千米，它有6500年的历史，是迄今为止人们发现的最古老的交通道路。

过去，欧洲人会从埃及的木乃伊和沼泽尸体中提炼一种名为"mumia"的药用物质，并在药店中售卖。这一医学实践直到20世纪20年代才逐渐终止。当然，这种药物在今天是被明令禁止售卖的。

木制人像

在一些沼泽地内的古道上，考古学家还找到了木制人像。也许它们在当时是交通路标，又或许是神像——神像象征的可能是守护旅行者安全穿越沼泽的神灵。

托尔斯伯格沼泽

托尔斯伯格沼泽位于德国石勒苏益格–荷尔斯泰因州。考古学家从这片沼泽中发掘出了许多古文物，它们大多是盎格鲁人遗失在沼泽中的——盎格鲁人是日耳曼部族的一支。出土的文物中有大量来自公元前3至4世纪的武器。考古学家认为，这些武器可能是某支军队的战利品：军队胜利归来，将缴获的敌军武器投入了沼泽中，以答谢神灵的庇佑之恩。研究人员在托尔斯伯格沼泽中发现了一面白银制成的面具、一些衣物（斗篷、长裤等）、古罗马的头盔和硬币以及一件锁子甲。此外，他们还找到了一些雕刻着神秘符文的金属拱盘。这些金属拱盘是安装在古罗马盾牌中心的一种零部件，它可以强化盾牌的防御能力，也是用来安装把手的地方。

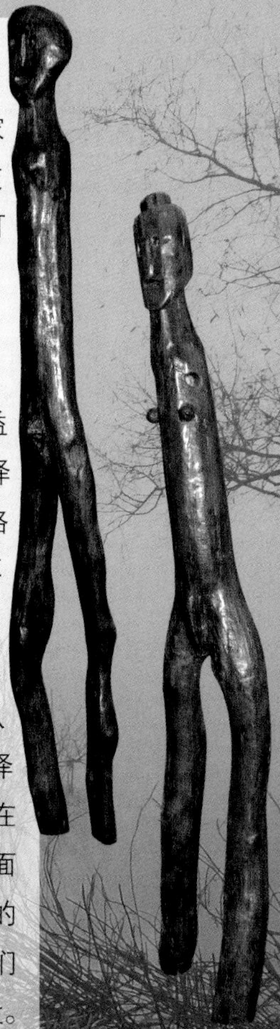

神像?

图中是两尊木制人像，分别为女性和男性形象。它们也许是一对神仙夫妇?

青铜头盔

战败的敌人在沼泽地中不幸溺亡，他们的武器和盔甲也留在了沼泽中。

保存完好的沼泽尸体

欧洲已知共有1000多具沼泽尸体，其中大部分是人们在沼泽地开采泥炭时偶然发现的。沼泽的水和土壤大多呈酸性，这种酸性环境会对沼泽中的尸体产生多种影响。虽然酸液会腐蚀人的骨骼，却能对皮肤、毛发、组织和指甲起到鞣制作用，使其能长久保存下来。此外，酸液也无法侵蚀到骨骼内部。因此在对这些尸骨进行研究后，科研人员可以弄清楚，这些人生前患有哪些疾病，他们最后吃了些什么东西，又或是留了何种发型。这就解释了为什么沼泽地对一些考古学家吸引力十足。

谋杀和献祭

但是这些尸体为什么会出现在沼泽中呢?有一些尸体是在沼泽中意外溺亡的普通民众，还有一些则是人祭或罪犯——古罗马作家塔西佗在他的著作中对此就有所记述。据塔西佗的记载，日耳曼人会在沼泽中进行祭祀仪式，将活人献祭给大地女神那瑟斯。此外，犯有特定罪行的罪犯或逃兵（即未经上级批准而擅自逃离部队的兵士）有时也会被沉入沼泽，作为对他们的惩罚。还有的人则是自然死亡后，被埋葬在了沼泽中。

木桩建筑

独木舟

在欧洲，成千上万的湖岸木桩建筑几乎都完整地在水中保存下来，它们承载着人类的历史、文化和智慧。

"踩高跷"的房屋

长久以来，考古学家一直有一个疑问，为什么许多湖畔的房屋被木桩支撑着。科学家认为，历史上湖泊的水位变化比较大，这些木桩的用途是保护居民不受湖水泛滥的困扰。古人们不希望住宅的地板在湖水上涨时被水淹没，因此他们干脆在木桩支撑的平台上修建住房。住在这样的房屋中，既能保障安全，同时住户们又能随时将生活垃圾倒入湖里（那时的人们可没有环保意识）。

湖畔觅影

自古以来，人们不仅会在沿海地区居住，也会在湖岸区定居。他们在湖畔修建房屋，乘船去湖上打鱼，用船把货物运回家。在湖区乘船出行，远比步行或驾车要便捷得多。水下考古学家在湖泊中寻找的正是这些民居的遗址和沉船的残骸。

博登湖

博登湖是德国最大且最深的湖，其最深处的水深为 252 米。这个湖泊位于德国、瑞士和奥地利三国交界处，由三个国家共同管理。在欧洲的新石器时代和青铜时代，博登湖的湖区分布着许多大大小小的人类聚居地。当时的人

们就直接定居在岸边：他们在湖畔打下木桩，然后在木桩支撑的木质平台上盖起房屋，并在其中安居乐业。

阿尔卑斯地区史前湖岸木桩建筑

瑞士、法国、德国和意大利等国境内的阿尔卑斯山区的所有湖泊的岸边都零星分布着古木桩建筑。其中部分遗址已被联合国教科文组织列为世界文化遗产。迄今为止，仅在博登湖湖区，人们就已经发现了约 400 处木桩建筑遗址。这些遗址大多分布在商贸要道附近，或土地肥沃且有充足淡水资源的地方。

➡ 你知道吗？

公元前 15 年，古罗马人翻过阿尔卑斯山脉，在博登湖上与当地的原住民发生了一场激烈的湖上战役。战役结束，原住民不幸战败，博登湖湖区被划入古罗马帝国的疆域。这场湖战遗留下来的东西可能至今仍藏在湖水深处。

草莓、牛奶和新鲜的鱼

　　除木桩建筑和其他房屋的遗迹外，潜水员还在湖底找到了许多罐子，其中有些罐子里还留有当初烧焦了的食物。这个考古发现使我们得以一窥当时人们的饮食生活：当时的人们会吃谷物、粥和面包，以及豌豆、扁豆、青豆等新鲜蔬菜。除此之外，古人类还会在野外采集草莓、黑莓、覆盆子、山刺玫、苹果和榛子。有时，他们还会喝牛奶，吃鸟蛋、鱼和野味。人们乘坐独木舟打鱼，这是一种用掏空了的树干做成的小舟。不久前，人们在德国康斯坦茨附近发现了一艘青铜时代的独木舟，并将其打捞出水。

"汝拉号"汽船

　　博登湖的湖底有许多沉船的残骸，这些船只沉没的原因也是千奇百怪、五花八门，如坏天气、爆炸、失火、触礁、撞船、超载或战争等。博登湖中有一艘名为"汝拉号"的沉船尤为出名。1864年2月13日，博登湖上大雾蒙蒙，能见度很低，"汝拉号"与另一艘名为"苏黎世号"的汽船相撞。撞船后仅过了几分钟，"汝拉号"就沉入湖底了。事故的具体地点很快就被人们遗忘了，直到大约100年后，这艘沉船才被重新发现。

独木舟的残骸

　　图中，科学潜水员正在打捞一艘独木舟的残骸。这只独木舟有4000多年的历史，保存状态相当完好，它是人们在博登湖中发现的最古老的独木舟。

方 木
这根方木属于一艘沉船，这艘船于大约600年前在博登湖中沉没。

独木舟

名词解释

摩尔多夫太阳盘（又名摩尔多夫金盘）的直径为 14.5 厘米，由纯金打造。考古学家推测，这个金盘的历史可以追溯至青铜时代。

潜水呼吸气体：潜水员在潜水时使用的呼吸混合气。潜水员在水下不仅会呼吸压缩空气，还会呼吸高氧混合气或氦氧氮混合气。

蓝 洞：地表的巨大洞穴或天坑，开口向上，洞口近似圆形，洞壁几乎垂直向下伸展，洞内灌满了水。它们通常位于海岸附近的浅水区（海洋蓝洞）或内陆地区（陆地蓝洞）。

船 首：船舶的前部。

天然井：常见于墨西哥境内，是由可溶性岩石（如石灰岩等）的裂缝经溶解及塌陷而形成的洞状陷穴，洞内通常灌满了淡水。

树木年轮断代：利用树木年轮生长变化的特征来确定古代遗迹年代的方法。年轮的宽窄疏密与气候条件密切相关。

3D 数字模型（又名三维数字模型）：在电脑上构建的文物的数字三维模型。首先，科研人员得从各个角度给一件文物拍照多张照片；接着，他们用一种电脑软件对所有的照片进行处理和分析，然后将其合成为一个 3D 数字模型。

独木舟：将整段树木的树干掏空后而制成的小舟。

船 尾：船舶的后部或尾部。

全密闭式循环呼吸器：一种潜水员在水下使用的呼吸装备，它可以循环使用潜水呼吸气体。

金属探测器：一种电子设备，人们可以用它来探测埋藏在土壤中或海底沉积层中的金属物品。

木桩建筑：在木桩支撑的木制平台上修建的史前木屋，通常分布在湖泊和河流沿岸，也常见于沼泽地中。这类房屋可以防止猛兽袭击，预防洪水侵袭，也可以抵御敌人的进攻。

放射性碳素断代（又名碳 -14 法）：生物体在活着的时候会不断地从外界摄入碳 -14 同位素；生物体死亡后，碳 -14 的摄入停止，其体内的碳 -14 就开始按照一定的规律衰变。据此，我们可以测定骨化石的年代。

文物修复师：他们会清理古文物表面的污垢，并对其进行物理和化学处理，以使文物能长期保存在博物馆中。

声呐（又名回声探测仪）：利用声波在水中的传播和反射特性，来对水下目标进行定位和探测的仪器。

载人潜水器：和深水机器人正相反，载人潜水器是由舱内的驾驶员在水下进行操控的。载人潜水器的窗户能承受巨大的水压，舱内的科研人员可以透过窗户观察水下的情况。

无人有缆遥控潜水器：驾驶员通过一根长长的海底电缆对潜水器进行远程操控，使其完成水下考察和作业。无人有缆遥控潜水器上装配有大量的摄像头，可以帮助驾驶员远程定位。驾驶员还可以操纵潜水器的机械手在水下取样或使用测量仪器。

深 海：水下 200 米及以下的区域被人们统称为深海。水下越深，光线越暗，温度也越低。深海中也有不少沉船，如"泰坦尼克号"等。

UNESCO：英文全称：United Nations Educational, Scientific and Cultural Organization，中文全称为"联合国教育、科学及文化组织"，简称"联合国教科文组织"。UNESCO的主要任务是推动各国在教育、科学和文化领域开展国际交流与合作，以此共筑世界和平。此外，UNESCO也致力于保护水下文化遗产。UNESCO对水下文化遗产进行了明确定义：水下文化遗产指的是位于水下至少一百年且具有历史或文化价值的所有人类生存的遗迹。世界范围内的所有国家都应该承担起保护水下文化遗产的责任。

水下考古学家：他们寻找水下的人类聚居地和沉船残骸，并对其进行调查和研究，以还原历史真相，厘清这些遗址和文物背后的人类文明发展脉络。他们要进行勘测和调查的地点很多，例如海洋、河流、湖泊、洞穴、水井和天然井等。

残 骸：废弃或失事的残破交通工具。船骸是沉船的残骸，通常位于某个水体的底部。